Kwantowy Wszechświat w Makroskali

VOLODYMYR BILOVSKYI

"X" - @Volodymyr9348

theorybilovskiy@gmail.com

Copyright © 2024 Volodymyr Bilovskyi

All rights reserved.

Spis treści

Krótki opis od autora: 4

1. Biologia kwantowa — 6
2. Mechanika Kwantowa - Czym Ona Jest? — 24
3. Czas jako iluzja — 38
4. Natura Przestrzeni — 59
5. Matematyczna Rzeczywistość — 82
6. Kwantowa Świadomość — 111
7. Rewolucja Kwantowa: Świat jako Informacja Kwantowa — 118
8. Grawitacja Kwantowa — 125
9. Harmonia Neuronalna — 149

Krótki opis od autora:

Ta książka zaprasza Cię w fascynującą podróż przez świat fizyki kwantowej, gdzie będziemy badać jej wpływ na świat makroskopowy i nasze codzienne życie. Zaczynamy od cudownego świata biologii kwantowej, gdzie zobaczymy, jak zwierzęta i rośliny wykorzystują mechanikę kwantową do przetrwania, i rozważymy śmiałe hipotezy, że nawet nasza świadomość może mieć naturę kwantową.

Następnie zagłębiamy się w istotę mechaniki kwantowej, badając jej podstawowe zasady i różne interpretacje, aby uzyskać głębsze zrozumienie tego zjawiska. Przeanalizujemy, jak różne interpretacje mogą prowadzić do wniosków, że fizyka kwantowa może działać na poziomie makro, zacierając zwykłe granice między światem mikro i makro.

Zbadamy również naturę przestrzeni i czasu, rozważając ich względność i iluzoryczną naturę, a także to, jak nasz mózg konstruuje naszą percepcję rzeczywistości. Dotkniemy tematu nielokalności, który podważa nasze zwykłe rozumienie związków przyczynowo-skutkowych i przestrzeni, otwierając drzwi do nowych, niezbadanych możliwości.

Następnie rozważymy idee, że nasz mózg może działać przy użyciu świadomości kwantowej, badając związek między światem kwantowym a naszymi myślami i emocjami.

Następnie przejdziemy do coraz bardziej popularnej interpretacji świata jako informacji kwantowej, gdzie bity i kubity stają się budulcem rzeczywistości. Zagłębimy się w świat grawitacji kwantowej i grawitacji entropicznej, badając, jak grawitacja może wyłaniać się z informacji i entropii, oferując nową perspektywę na podstawowe siły Wszechświata.

W ostatnim rozdziale podsumuję wszystkie informacje i przedstawię własną interpretację, łącząc różne idee i koncepcje, aby stworzyć holistyczny obraz świata kwantowego i jego wpływu na nasze życie.

Starałem się, aby ta książka była bardziej różnorodna i wciągająca niż większość popularnonaukowych książek, aby była interesująca nie tylko dla specjalistów, ale także dla każdego, kto interesuje się tajemnicami Wszechświata i chce poszerzyć swoje horyzonty.

Rozdział 1: Biologia kwantowa

Ukryte Siły

Czy mucha może przewrócić kilogramową cegłę z żelaza, tysiące razy cięższą od siebie? Na pierwszy rzut oka wydaje się to niemożliwe. Jednak gdyby cegła była ustawiona pod pewnym kątem, nawet mała mucha mogłaby ją przewrócić. To pokazuje, jak ważną rolę odgrywa nie tylko siła, ale także równowaga i punkt przyłożenia siły.

Ten prosty przykład otwiera kurtynę do świata, w którym nie wszystko jest tak oczywiste, jak się wydaje na pierwszy rzut oka. Świata, w którym maleńkie siły mogą prowadzić do znaczących konsekwencji, gdzie niewidzialne wpływy determinują bieg wydarzeń.

Tak jak mucha może wykorzystać prawa fizyki, by pokonać ogromną przewagę masy, tak mały ptak, rudzik, wykorzystuje ukryte mechanizmy świata kwantowego, by odbyć swoją epicką podróż.

Rudzik może przelecieć z północnej Szwecji do południowej Hiszpanii bez mapy, bez GPS i bez zatrzymywania się, by pytać o drogę. To, jak to robi, przez długi czas pozostawało tajemnicą, ale seria eksperymentów w latach 50. i 60. XX wieku wykazała, że odbiera on sygnały z pola magnetycznego Ziemi. Zjawisko to jest obecnie znane jako magnetorecepcja i zostało odkryte u ponad 50 innych gatunków.

Ale to tylko doprowadziło do kolejnego pytania: jak zwierzęta mogą wyczuwać pole magnetyczne Ziemi? Stało się to jednym z najbardziej tajemniczych nierozwiązanych problemów w biologii i nikt nie domyślał się, na jaką kwantową ścieżkę to doprowadzi.

Niemiec Klaus Schulten pomyślał, że być może pole magnetyczne wywołuje u ptaka reakcję chemiczną, która wyzwala sygnał biologiczny informujący go, gdzie ma lecieć. Reakcje chemiczne nieustannie dyktują nasze zachowanie. Kiedy widzimy nasze ulubione jedzenie, nasz mózg uwalnia dopaminę i sprawia, że chcemy je zjeść. Kiedy czujemy coś stresującego, nasze ciało uwalnia kortyzol, który wyzwala reakcję „walcz lub uciekaj", która mówi naszemu ciału, że coś jest nie tak i musimy działać, by to naprawić.

Kiedy Schulten mówił o tym, jak jego zdaniem pole magnetyczne Ziemi może wywołać reakcję chemiczną, zyskał reputację osoby nieco szalonej. Był fizykiem teoretycznym i potrzebował kogoś, kto pomógłby mu przeprowadzić eksperyment, ale nikt nie chciał; wszyscy myśleli, że pole magnetyczne Ziemi jest zbyt słabe, by wywołać reakcję chemiczną i mieli ku temu dobry powód.

Ale na najbardziej podstawowym poziomie reakcja chemiczna to po prostu zrywanie i tworzenie wiązań między atomami i cząsteczkami. Schulten pomyślał, że być może pole magnetyczne Ziemi może zrywać i tworzyć wiązania chemiczne, a tym samym powodować reakcje chemiczne.

Dlaczego więc wszyscy inni naukowcy uważali ten pomysł za tak absurdalny?

Wszystkie cząsteczki mają nieodłączną energię spoczynkową zwaną energią cieplną. To powoduje, że wibrują, odbijają się i oscylują. Nigdy nie są całkowicie nieruchome. Aby cząsteczki mogły pozostać razem, wiązania między nimi muszą być silniejsze niż energia cieplna. W przeciwnym razie po prostu się rozpadną.

Energia z pola magnetycznego Ziemi jest ponad milion razy słabsza niż energia cieplna większości cząsteczek, nie mówiąc już o tym, że wystarczy do zerwania wiązania chemicznego. To tak, jakby mrówka próbowała przerwać dwa ogniwa żelaznego łańcucha.

Dlatego nikt nie wierzył Schultenowi. Jak taka marna siła mogłaby zerwać te silne wiązania chemiczne?

Ale on nie widział tego z punktu widzenia brutalnej siły. Widział to raczej jako balansowanie, jak w przykładzie muchy i cegły.

Morał tej historii jest taki, że maleńkie energie mogą mieć znaczący wpływ, jeśli system jest w skrajnie niestabilnym stanie. Schulten musiał tylko znaleźć chemiczną wersję takiej cegły. Wtedy możliwe byłoby, że niewielka energia pola magnetycznego Ziemi mogłaby wywołać reakcję chemiczną i wskazać ptakom kierunek.

Czy coś takiego istnieje? Krótka odpowiedź brzmi: tak. Długa odpowiedź jest złożona i zawiła i zagłębimy się w nią w całej jej okazałości.

Rodniki: Podróż do świata kwantowego

W świecie molekuł istnieje intrygująca jednostka znana jako rodnik. Wyobraź sobie atom lub cząsteczkę, pozornie zwyczajną, ale z nieparzystą liczbą elektronów. Ten pozornie drobny szczegół wyróżnia rodniki, nadając im unikalne właściwości, które kształtują ich zachowanie.

Aby rozwikłać znaczenie rodników, musimy zagłębić się w enigmatyczny świat spinu. Elektrony posiadają wewnętrzną właściwość zwaną spinem, koncepcję, która podważa nasze konwencjonalne rozumienie. Analogie nie są w stanie uchwycić jego prawdziwej natury, ponieważ spin należy do sfery kwantowej, gdzie znane reguły fizyki klasycznej przestają obowiązywać.

Dla naszych celów skupimy się na wzajemnym oddziaływaniu spinów elektronów, a nie na ich wewnętrznej naturze. Wyobraź sobie spin jako właściwość podobną do ładunku lub masy, coś, co mają jedne cząstki, a inne nie. Elektrony obdarzone spinem wykazują subtelną jakość magnetyczną.

W tym miejscu w grę wchodzi zasada wykluczenia Pauliego, podstawowa zasada rządząca zachowaniem elektronów. Zasada ta mówi, że sparowane elektrony w atomie lub cząsteczce muszą mieć przeciwne spiny, dogodnie oznaczone jako spin w górę i spin w dół. Kiedy elektron o spinie w górę napotka swój odpowiednik o spinie w dół, ich magnetyzm znosi się, co skutkuje zrównoważonym systemem.

Jednak w cząsteczce z nieparzystą liczbą elektronów istnieje samotny elektron bez partnera, który neutralizowałby jego spin. W konsekwencji cała cząsteczka staje się lekko magnetyczna. To jest istota rodnika.

Pary rodników powstają, gdy cząsteczka jest poddawana działaniu energii, co powoduje zerwanie wiązania chemicznego i rozszczepienie cząsteczki na pół. Wiązania chemiczne często składają się z dwóch sparowanych elektronów. Kiedy wiązanie pęka, jeden elektron towarzyszy każdemu fragmentowi, co prowadzi do powstania dwóch rodników.

Nieparzysta liczba elektronów sprawia, że pary rodników są z natury niestabilne. Ich istnienie jest ulotne, ponieważ albo rekombinują, aby przywrócić oryginalną cząsteczkę, albo oddziałują z sąsiednimi atomami, tworząc nowe cząsteczki.

Ten scenariusz przypomina naszą wcześniejszą analogię chwiejącej się cegły, balansującej na krawędzi niestabilności, skazanej na upadek w jednym z dwóch kierunków. W przypadku pary rodników dwie opcje to różne reakcje chemiczne.

Tak jak mucha może wpłynąć na upadek cegły, czy pole magnetyczne Ziemi może subtelnie popchnąć parę rodników w kierunku jednej reakcji chemicznej, a nie innej? Jaką rolę odgrywa w tym misternym tańcu mechanika kwantowa?

Aby odpowiedzieć na te pytania, musimy najpierw zrozumieć czynniki, które naturalnie wpływają na los pary rodników, nawet przy braku sił zewnętrznych. Cegła pozostawiona sama sobie w końcu upadnie. Kierunek jej upadku nie jest całkowicie przypadkowy, ale zależy od grawitacji, czynników środowiskowych, a może nawet subtelnych cech powierzchni.

Podobnie los pary rodników jest uwarunkowany różnymi czynnikami. Jednym z kluczowych czynników są spiny samotnych elektronów. Po rozdzieleniu spiny te mogą się zmieniać.

Przypomnijmy, że sparowane elektrony muszą mieć przeciwne spiny. Jednak gdy wiązanie chemiczne pęka, elektrony nie są już ściśle sparowane, ponieważ znajdują się w różnych cząsteczkach. Mogą więc mieć ten sam spin bez łamania żadnych zasad.

Tutaj sprawy się komplikują. Z powodu zasady wykluczenia Pauliego, jeśli jeden z samotnych elektronów zmieni swój spin, w wyniku czego oba elektrony będą miały ten sam spin, para rodników nie może się ponownie połączyć. Pamiętaj, że aby utworzyć wiązanie chemiczne, sparowane elektrony muszą mieć przeciwne spiny.

Zasadniczo więcej odwróconych elektronów prowadzi do mniejszej liczby rekombinacji, co z kolei prowadzi do powstania większej liczby nowych cząsteczek. Zatem spin samotnych elektronów wywiera istotny wpływ na wynik reakcji chemicznej.

Ale co rządzi zmianą spinów tych samotnych elektronów?

Teraz dochodzimy do sedna sprawy. Spin samotnych elektronów jest determinowany przez efekt mechaniki kwantowej. W świecie kwantowym energia istnieje w dyskretnych pakietach lub kwantach. Ta koncepcja przeczy naszej intuicji, ponieważ energia w świecie makroskopowym wydaje się ciągła i płynie płynnie.

Para rodników jest doskonałym przykładem układu kwantowego. Ma określone dozwolone poziomy energii. Jeden to sytuacja, gdy samotne elektrony mają przeciwne spiny, drugi to sytuacja, gdy mają te same spiny.

Ale jest jeszcze jeden ważny punkt. Protony i neutrony w jądrze atomu również mają spin i właściwości magnetyczne. Powoduje to magnetyczne oddziaływanie między jądrem a samotnym elektronem, wpływając na energię całego układu.

Teraz para rodników nie znajduje się już w żadnym z dozwolonych stanów energetycznych. Staje się superpozycją wszystkich możliwych stanów, a prawdopodobieństwo, w który stan „zapadnie się", zmienia się w czasie.

Tak więc, z powodu tego oddziaływania, para rodników znajduje się w superpozycji dwóch stanów: elektrony mają te same spiny lub przeciwne spiny. Prawdopodobieństwo, w który stan nastąpi przejście, zmienia się w czasie.

Superpozycja utrzymuje się do momentu, gdy układ kwantowy wejdzie w interakcję z innym atomem lub cząsteczką. Następnie para rodników „zapada się" w jeden z dozwolonych stanów, wpływając na reakcję chemiczną.

Opisaliśmy naszą „chemiczną cegłę" i czynniki wpływające na jej „upadek".

Teraz dodajmy „muchę" - pole magnetyczne Ziemi.

Gdyby nie dyskretność energii w mechanice kwantowej, oscylacja między stanami spinowymi nie istniałaby. To właśnie te oscylacje są wrażliwe na pole magnetyczne Ziemi.

Elektrony ze spinem zachowują się jak małe magnesy i mają tendencję do ustawiania się wzdłuż lub przeciwnie do pola magnetycznego. Nawet słabe pole magnetyczne Ziemi może wpływać na te oscylacje.

Oscylacje zmieniają się w zależności od kierunku pola magnetycznego. To czyni je idealnym kompasem chemicznym.

Tak więc pole magnetyczne Ziemi wpływa na prawdopodobieństwo, czy para rodników „zapadnie się" w stan o tym samym lub przeciwnym spinie elektronów, a tym samym wpływa na to, ile rekombinacji i tworzenia nowych cząsteczek nastąpi.

Nawet słabe pole magnetyczne Ziemi może znacząco wpłynąć na wynik reakcji chemicznej. Być może teoria Schultena ma swoje zalety.

Mamy teorię, że pole magnetyczne Ziemi może wywołać reakcję chemiczną, oraz mechanizm, jak mogłoby to się zdarzyć. Ale to jeszcze nie dowód, że tak dzieje się u ptaków.

Jak taki proces mógłby zachodzić u zwykłego rudzika?

Kryptochrom

Jak więc cały ten mechanizm kwantowy działa u ptaków? W przypadku zmysłów, które znamy, takich jak wzrok czy słuch, istnieje czujnik, nerw przekazujący sygnał i część mózgu, która go przetwarza. Szukamy czegoś podobnego u ptaków.

Naukowcy odkryli białko zwane kryptochromem. Kiedy światło pada na niego pod pewnym kątem, powstaje para rodników. Wiemy już, że takie pary reagują na magnetyzm, więc kryptochrom jest naszym głównym kandydatem do roli „czujnika magnetycznego".

Gdy światło aktywuje kryptochrom, elektrony się poruszają i powstaje para rodników. Widzieliśmy, jak takie pary reagują na magnetyzm u roślin i bakterii, a także u żywych ptaków.

To wspaniale, że kryptochrom reaguje na magnetyzm, ale aby działał jak kompas, musi pokazywać kierunek. Kryptochrom w oczach ptaków jest aktywowany tylko wtedy, gdy światło pada na niego pod pewnym kątem.

Korzystając z tego modelu, nawet cała masa cząsteczek kryptochromu może być wykorzystana jako kompas do określania kierunku. Kryptochrom można porównać do receptorów węchu w naszym nosie - zmienia się w odpowiedzi na bodziec, w tym przypadku magnetyzm.

Ale jak mózg „widzi" tę zmianę w kryptochromie? Naukowcy uważają, że część mózgu ptaka zwana klastrem N może przetwarzać zmysł magnetorecepcji. Obszar ten przetwarza już pewne informacje wizualne i jest bardziej aktywny u ptaków migrujących w nocy.

Jedna z hipotez mówi, że ptaki te w ciągu dnia korzystają ze zwykłego wzroku, a w nocy przełączają się na zmysł magnetyczny. Ale jest niewiele dowodów na poparcie tej hipotezy.

Co więcej, istnieje tylko kilka komórek, które mogą przekazywać wiadomości z oka do mózgu. Nadal więc nie wiemy, jak wiadomość z kryptochromu dociera do mózgu.

Istnieje hipoteza, że sygnał z kryptochromu może być przesyłany tym samym nerwem co zwykły wzrok u ptaków, ale eksperymenty tego jeszcze nie potwierdziły.

Mamy więc proponowany mechanizm dla wszystkich trzech składników zwykłego zmysłu. Brakuje nam tylko dowodów, aby to w pełni potwierdzić.

Podsumowując: mamy dowody na to, że ptaki poruszają się, wyczuwając pole magnetyczne Ziemi, proponowany mechanizm jego działania oraz dowody na istnienie białka, w którym zachodzi ten mechanizm, znajdującego się w oczach ptaków. To jeszcze nie dowód, że tak właśnie się dzieje, ale trzeba przyznać, że wygląda to całkiem obiecująco.

Biologia kwantowa

Procesy kwantowe zazwyczaj wymagają bardzo specyficznych warunków do działania. Fizycy badają efekty kwantowe w idealnych warunkach, zwykle w temperaturach bliskich zera absolutnego, przy użyciu bardzo drogiego sprzętu w całkowitej izolacji. Dlatego wydaje się dziwne, że te same procesy mogłyby zachodzić w gorącym, wilgotnym i chaotycznym świecie życia.

Jednak eksperymenty przeprowadzone w ciągu ostatniej dekady wykazały coraz więcej dowodów na to, że tak właśnie jest. Biologia kwantowa jest również interesująca, ponieważ łączy fizyków i biologów.

Ten pierwszy odcinek opowiada historię o tym, jak rośliny mogą wykorzystywać mechanikę kwantową do przeprowadzania być może najważniejszego procesu biologicznego na Ziemi – fotosyntezy.

Historia zaczyna się w kwietniu 2007 roku, kiedy grupa fizyków z Massachusetts Institute of Technology dyskutowała o artykułach naukowych, które znaleźli w tym tygodniu. Jeden z artykułów sugerował, że rośliny są miniaturowymi komputerami kwantowymi. Grupa wybuchnęła śmiechem. Najtęższe umysły świata od dziesięcioleci próbowały stworzyć komputer kwantowy, a teraz ktoś sugerował, że jakaś głupia roślina ich przechytrzyła? Ale, jak wkrótce zobaczymy, śmiali się niesłusznie.

Najpierw porozmawiajmy o tym, dlaczego ktokolwiek miałby w ogóle wygłaszać takie stwierdzenie. Rośliny jako komputery kwantowe? Brzmi to trochę naciągane. Aby to zrozumieć, musimy najpierw zrozumieć bardzo starą zagadkę w biologii. Dlaczego fotosynteza jest tak wydajna?

Życie na Ziemi jest możliwe tylko dzięki fotosyntezie. Jest to synteza energii ze światła lub fotonów. Drzewa, zielone algi, wszelkiego rodzaju rośliny robią to cały czas, produkując ponad 15 000 ton biomasy na sekundę. I nawet na tak dużą skalę fotosynteza sprowadza się do prostej reakcji chemicznej. Roślina lub zielona alga pobiera dwutlenek węgla, wodę i światło słoneczne i przekształca te składniki w cukier, tlen i użyteczną energię dla samego organizmu.

Światło słoneczne, podobnie jak cały proces fotosyntezy, zachodzi w organelli wewnątrz komórek roślinnych zwanej chloroplastem. Wewnątrz chloroplastu znajdują się stosy dysków zwane tylakoidami, wypełnione maleńkimi zielonymi pigmentami zwanymi chlorofilem.

Aby zrozumieć, w jaki sposób światło słoneczne jest przekształcane z fotonu w użyteczną energię, musimy trochę zagłębić się w chemię chlorofilu. Cząsteczki te mają długi szkielet węglowy i tlenowy, z dużą siecią węgla i azotu otaczającą pojedynczy atom magnezu. To sprawia, że magnez ma jeden elektron w swojej zewnętrznej powłoce, który ledwo się trzyma.

Tak więc, gdy foton uderza w tylakoid, jego energia wybija elektron z magnezu. Tutaj sprawy stają się nieco abstrakcyjne. Zwykle myślimy o tym jonie magnezu jako o całości, niosącym ładunek dodatni, ponieważ stracił elektron. Ale żeby to wszystko miało sens, musimy to trochę przemyśleć. Pomyśl o tym raczej jako o neutralnym magnezie, ujemnym elektronie i dodatniej „dziurze", w której kiedyś znajdował się elektron.

Nazywa się to ekscytonem i może magazynować energię. Te ujemne i dodatnie bieguny sprawiają, że działa jak bateria.

Ale aby wykorzystać energię ze światła słonecznego, roślina musi dostarczyć ten ekscyton do centrum reakcji w celu przeprowadzenia procesu zwanego rozdziałem ładunków. Polega to na pobraniu elektronu z magnezu i przeniesieniu go do sąsiedniej cząsteczki, tworząc stabilną cząsteczkę. Stamtąd może zachodzić proces chemiczny fotosyntezy.

Ale przeniesienie tego ekscytonu jest najtrudniejszą częścią. Chloroplasty mogą przenosić energię z jednego chlorofilu do drugiego, aż dotrze ona do centrum reakcji, ale może to być dość duża odległość. Ponadto chlorofile są bardzo ciasno upakowane. Skąd więc ekscyton wie, dokąd ma się udać?

Przez lata myśleliśmy, że losowo przeskakuje z cząsteczki na cząsteczkę, aż dotrze do centrum reakcji. Ale gdyby tak było, ekscytony byłyby bardziej narażone na zagubienie niż na fotosyntezę. I to był problem, ponieważ w rzeczywistości fotosynteza zachodzi z prawie 100% wydajnością. Traci się prawie zero elektronów, dzięki czemu jest wydajniejsza niż jakakolwiek ludzka technologia, jaką kiedykolwiek wynaleźliśmy. Również chemia klasyczna nie potrafiła wyjaśnić, jak zachodzi tak wydajny proces.

To stara zagadka w biologii, a artykuł, z którego śmiali się fizycy z MIT, sugerował, że rośliny wykorzystują efekty kwantowo-mechaniczne, aby to obejść.

Jednym z głównych pomysłów w mechanice kwantowej jest **superpozycja** - idea, że cząstka może znajdować się w wielu miejscach jednocześnie. W makroskopowym świecie, do którego jesteśmy przyzwyczajeni, jeśli coś jest w jednym miejscu, to zdecydowanie nie może być w innym. Ale w świecie kwantowym nie jest to takie proste.

Pojedyncza cząstka może istnieć w wielu różnych miejscach jednocześnie, z których każde ma inne prawdopodobieństwo. To tak, jakby mieć jeża w pudełku i trzeba zgadnąć, gdzie on jest. Można powiedzieć, że istnieje 70% szans, że jest przy jedzeniu, 20% szans, że jest na łóżku, i 10% szans, że jest na kołowrotku. Te prawdopodobieństwa odzwierciedlają szanse znalezienia jeża, gdy zajrzysz do pudełka. Ale chodzi o to, że jeż tak naprawdę nie znajduje się we wszystkich tych miejscach jednocześnie, jest tylko w jednym, po prostu nie wiesz, w którym.

Ale cząstki kwantowe są inne. Zanim zostaną zmierzone, naprawdę istnieją we wszystkich tych miejscach jednocześnie, z których każde ma inne prawdopodobieństwo. Możemy myśleć o tych prawdopodobieństwach jako o rozproszonej fali. W każdym punkcie przestrzeni istnieje inne prawdopodobieństwo znalezienia tam cząstki.

Ważne jest to, że ta fala prawdopodobieństwa pozostaje nienaruszona tylko do momentu jej zaobserwowania. Po zmierzeniu zapada się w pojedynczą cząstkę w jednym miejscu.

Teraz ten pomysł przebywania w wielu miejscach jednocześnie można rozszerzyć na pomysł przebywania na wielu ścieżkach jednocześnie. Jeśli cząstka dotrze do rozwidlenia drogi, nie musi wybierać, może iść w obie strony. Jeśli zostanie przedstawiona z wieloma ścieżkami, może przejść wszystkie, jak fala rozchodząca się w przestrzeni.

To właśnie zaproponował artykuł. Że ekscyton przemierza wszystkie możliwe ścieżki do centrum reakcji i dlatego tak szybko tam dociera. To wyjaśnienie ma sens, jeśli się nad tym zastanowić.

Dlaczego więc wszyscy fizycy kwantowi się śmiali?

Największym wrogiem wszystkich procesów kwantowych jest tzw. dekoherencja. W języku kwantowym „pomiar" nie oznacza tego samego, co w języku potocznym. Tutaj „pomiar" oznacza, że ta fala-cząstka oddziałuje z czymś innym, na przykład z inną cząstką, cząsteczką lub czymkolwiek innym. Kiedy znajduje się w tym stanie falowym, mówi się, że znajduje się w stanie koherencji. Kiedy się zapada lub jest mierzony, nazywa się to dekoherencją.

Dekoherencja jest powodem, dla którego fizycy muszą pracować w tak specyficznych warunkach, gdy mają do czynienia z efektami mechaniki kwantowej.

W makroskopowym świecie, do którego jesteśmy przyzwyczajeni, tak wiele cząstek i molekuł odbija się wokół, tak wiele pchnięć i wibracji spowodowanych ciepłem, że koherencja nie trwa wystarczająco długo, aby można ją było wykryć. Dlatego w naszym codziennym życiu nie widzimy efektów mechaniki kwantowej. Jest to również jedno z głównych wyzwań stojących przed budową komputerów kwantowych.

Fizycy wymyślają wszelkiego rodzaju sprytne i kosztowne sposoby ochrony swoich cennych cząstek przed złem świata zewnętrznego, chłodząc je do temperatur bliskich zera absolutnego i starając się utrzymać je w całkowitej izolacji. Ale jak dotąd nic nie było w stanie powstrzymać dekoherencji.

A tutaj ten artykuł sugerował, że rośliny potrafią zapobiegać dekoherencji w normalnych temperaturach i warunkach? To nie miało żadnego sensu.

Fizycy z Massachusetts Institute of Technology wysłali jednego ze swoich członków, Setha Lloyda, aby zbadał to twierdzenie. To, z czym wrócił, zaskoczyło wszystkich. Przyjrzyjmy się artykułowi, który wywołał takie poruszenie.

Eksperyment na Uniwersytecie Kalifornijskim w Berkeley

Stosując technikę o imponującej nazwie „dwuwymiarowa spektroskopia elektronowa z transformacją Fouriera", grupa badawcza była w stanie zagłębić się w wewnętrzną strukturę kompleksu fotosyntetycznego. Wystrzelili w niego trzy kolejne impulsy światła laserowego, generując sygnał świetlny, który został następnie odebrany przez detektor. Gdyby koherencja naprawdę istniała między ekscytonami, powinni byli zaobserwować interferencję między różnymi ścieżkami, tak zwane dudnienie kwantowe.

Główny autor artykułu, Greg Engel, spędzał całe noce na zbieraniu danych i znalazł dokładnie to, czego szukał. Rosnący i opadający sygnał jest prawdopodobnie wzorem interferencyjnym, który powstaje w wyniku interferencji fal. Innymi słowy, to dudnienie kwantowe pokazało, że ekscyton nie podążał pojedynczą ścieżką przez labirynt chlorofilu, ale raczej podążał wieloma ścieżkami jednocześnie. To był ogromny szok dla społeczności naukowej. Fizycy z Massachusetts Institute of Technology musieli przyznać, że być może za wcześnie się śmiali.

Od tego czasu przeprowadzono liczne eksperymenty potwierdzające ten wynik. Historia jednak jeszcze się nie skończyła. Chociaż to dudnienie kwantowe nadal się pojawia, nadal trwa debata na temat jego interpretacji. Niektórzy eksperci w tej dziedzinie uważają, że dudnienie jest spowodowane wibracjami molekularnymi, a nie koherencją.

Inni uważają, że obserwowana koherencja miała zbyt małą amplitudę, aby pochodzić z ekscytonów. Są też tacy, którzy uważają, że to dudnienie kwantowe jest w rzeczywistości bezpośrednim dowodem na zachodzenie procesów biologii kwantowej. Powiedzmy, że są mieszane uczucia.

Trwają badania mające na celu zrozumienie, w jaki sposób fotosynteza jest tak wydajna, a to może doprowadzić do pomysłów na tworzenie komputerów kwantowych i innych technologii. Biologia kwantowa to niesamowita dziedzina badań, bogata w możliwości, zobaczmy, jakie inne możliwości jeszcze kryje.

Odkrycie, które wstrząsnęło światem paleontologii

W sercu Montany, pośród rozległych przestrzeni Hell Creek, czas zdawał się zatrzymać 68 milionów lat temu. To tutaj, w tym miejscu, gdzie kiedyś wędrowały majestatyczne dinozaury, szczątki małego Tyrannosaurus Rex znalazły swoje ostatnie miejsce spoczynku. Przez niezliczone epoki minerały powoli, ale skutecznie zastępowały jego kości, przekształcając jego ciało w milczącego świadka minionej epoki.

W 2000 roku, dzięki żmudnej pracy naukowców, skamielinę tę wydobyto z ziemi, otwierając nową kartę w historii paleontologii. Część znaleziska trafiła do muzeum, gdzie stała się centralnym punktem wystawy, inna część zaś trafiła w ręce paleontolog Mary Schweitzer.

Kiedy Mary Schweitzer po raz pierwszy trzymała te próbki kości, od razu zauważyła coś niezwykłego. Nie wyglądały jak typowe skamieliny, które widywała. Zaintrygowana postanowiła przeprowadzić eksperyment. Schweitzer umieściła próbkę w kwaśnym roztworze, mając nadzieję na rozpuszczenie minerałów i odsłonięcie głębszych struktur kości.

Kilka dni później, gdy minerały się rozpuściły, przed nią otworzył się niesamowity obraz. Zamiast spodziewanej pustki zobaczyła elastyczną, włóknistą substancję, która uderzająco przypominała naczynia krwionośne i kolagen - mocną tkankę łączną, która jest integralną częścią żywych kości.

Odkrycie to było tak nieoczekiwane, że trudno było je pojąć. Do tego momentu nauka wierzyła, że tkanki miękkie nie mogą być zachowane przez miliony lat. Powinny były się rozpaść wkrótce po śmierci organizmu. Ale oto były, przed oczami Mary Schweitzer - tkanki miękkie dinozaura, zachowane przez 68 milionów lat.

Oczywiście tak sensacyjne odkrycie wywołało falę sceptycyzmu w środowisku paleontologicznym. Wielu naukowców nie mogło uwierzyć, że tkanki miękkie mogą być zachowane tak długo. Aby rozwiać wątpliwości, Schweitzer przeprowadziła kolejny eksperyment. Zanurzyła próbkę kolagenu w enzymie zwanym kolagenazą, który specyficznie rozkłada kolagen. I stało się coś niesamowitego - kolagen, który leżał w ziemi przez 68 milionów lat, rozpuścił się w zaledwie pół godziny.

To był niepodważalny dowód na to, że tkanki miękkie dinozaura rzeczywiście zostały zachowane. Ale jak to możliwe? Niektórzy naukowcy sugerowali, że odpowiedź może tkwić w fizyce kwantowej. Ale co dokładnie mieli na myśli?

Aby zrozumieć związek między enzymami a fizyką kwantową, musimy najpierw zrozumieć, jak działają enzymy. Są to katalizatory biologiczne, czyli substancje przyspieszające reakcje chemiczne w organizmach. Na przykład enzym anhydraza węglanowa przyspiesza milion razy przemianę dwutlenku węgla w kwas węglowy.

Mechanika klasyczna oferuje wyjaśnienie działania enzymów poprzez koncepcję wiązania stanu przejściowego. Ale niektóre reakcje, zwłaszcza te zachodzące w bardzo niskich temperaturach, nie mieszczą się w ramach modeli klasycznych. I tutaj pojawia się fizyka kwantowa.

W 1966 roku naukowcy z University of Pennsylvania dokonali odkrycia, które podważyło klasyczne modele biochemii. Badali bakterie fotosyntetyczne, które wykorzystują światło do utleniania białka cytochromu. Pod działaniem światła cytochrom przekazuje elektron innym cząsteczkom, zapewniając proces fotosyntezy.

Reakcja ta, jak wiadomo, zależała od temperatury: wyższe temperatury ją przyspieszały, a niższe spowalniały. Dodatek enzymu również przyspieszył reakcję, ale ogólna zależność od temperatury pozostała.

Jednak najciekawsze było to, że reakcja ta zachodziła nawet w ekstremalnie niskich temperaturach, znacznie poniżej zera stopni Celsjusza. Przeczyło to klasycznym wyobrażeniom, według których w tak niskich temperaturach reakcja powinna praktycznie ustać.

Aby rozwiązać tę zagadkę, naukowcy stworzyli specjalną instalację, która pozwoliła im naświetlać bakterie ultraszybkim laserem o wysokiej energii, stymulując pracę enzymów i wywołując reakcję.

Wyniki eksperymentu były imponujące. Wraz ze spadkiem temperatury szybkość reakcji rzeczywiście malała, ale po osiągnięciu -173°C przestała maleć i pozostała stała nawet przy dalszym schładzaniu do -238°C. Oznaczało to, że reakcja nadal pokonywała jakąś barierę energetyczną, ale zgodnie z mechaniką klasyczną enzym nie mógł obniżyć tej bariery tak bardzo w tak niskich temperaturach.

W swoim artykule naukowcy sugerowali, że enzymy nie tylko obniżają barierę energetyczną, ale pozwalają cząstkom „tunelować" przez nią. Był to pierwszy eksperymentalny dowód na to, że tunelowanie kwantowe może odgrywać rolę w zależnych od temperatury procesach biologicznych.

Aby zrozumieć, czym jest tunelowanie, weźmy codzienny klasyczny scenariusz, taki jak próba przetoczenia obiektu przez wzgórze. Jeżeli obiekt nie otrzyma wystarczającej energii, aby pokonać wzgórze, po prostu się stoczy. Nie ma znaczenia, ile razy próbujesz ani jak długo, jeśli nie ma wystarczającej energii, nigdy nie pokona tego wzgórza.

W świecie kwantowym sprawy mają się inaczej. Jeżeli cząstka nie ma wystarczającej energii, aby przeskoczyć przez barierę, czasami może mimo to przejść bezpośrednio na drugą stronę. Dzieje się tak z powodu zjawiska zwanego dualizmem korpuskularno-falowym. Widzisz, w świecie kwantowym cząstki czasami zachowują się jak cząstki, ale czasami jak fale. Ta fala reprezentuje prawdopodobieństwo, że znajdują się w określonym miejscu. Wyobraź więc sobie falę prawdopodobieństwa zamiast cząstki poruszającej się w kierunku bariery.

Teraz, gdy ta fala uderza w barierę, w przeciwieństwie do tego, co zrobiłaby cząstka, która zostałaby w 100% odbita, niewielka część fali przenika przez nią. Ponieważ ta fala reprezentuje prawdopodobieństwo, że elektron tam się znajdzie, istnieje niewielkie prawdopodobieństwo, że elektron tam się skończy.

Czasami więc, nawet gdy cząstka kwantowa nie ma wystarczającej energii, aby przeskoczyć przez barierę, ze względu na jej podwójną naturę falową możemy ją znaleźć po drugiej stronie.

Wyniki tego eksperymentu z lat 60. XX wieku sugerowały wyjaśnienie, w jaki sposób elektrony zachowują się bardziej jak fale niż cząstki, przynajmniej w ekstremalnie niskich temperaturach.

Elektrony są bardzo małe, przez co są bardziej podatne na tunelowanie niż większe cząstki, takie jak protony czy neutrony. Ale około jedna trzecia enzymów działa poprzez ułatwianie transferu atomów wodoru, które są głównie protonami. Kolejnym zadaniem biologów kwantowych było więc ustalenie, czy wodór również może tunelować.

W 1989 roku grupa badaczy pod kierownictwem Judith Klinman z Berkeley postanowiła udowodnić, że dzieje się tak poprzez tak zwany kinetyczny efekt izotopowy.

Atomy uzyskują swoją tożsamość na podstawie liczby protonów, które posiadają. Wodór ma jeden proton, węgiel sześć, neon dziesięć. Ale atomy mogą mieć różną liczbę neutronów w jądrze, które nazywamy izotopami tego atomu. Atomy wodoru mają zwykle jeden neutron, ale mogą mieć izotopy z dwoma lub trzema neutronami.

Ciekawe właściwości chemiczne pierwiastka zwykle pochodzą od jego elektronów. Zmiana liczby neutronów nie zmieni znacząco jego reaktywności, ale zmieni jego wagę i szybkość reakcji, stąd kinetyczny efekt izotopowy.

Jeżeli wszystkie inne warunki pozostaną takie same, zastąpienie lżejszego izotopu wodoru cięższym powinno prowadzić do wolniejszej szybkości reakcji. Ale z kwantowego punktu widzenia, po dodaniu kolejnego neutronu do tego atomu wodoru, jego zdolność do tunelowania znacznie się zmniejsza.

Dla Klinman cięższe izotopy wodoru powinny reagować znacznie wolniej niż oczekiwano. I rzeczywiście, dokładnie to zaobserwowała jej grupa. Protium był katalizowany znacznie szybciej niż jego cięższe izotopy, co zdaniem tej grupy badawczej wskazywało, że działał on bardziej jak fala niż cząstka, a zatem tunelował.

Eksperyment ten przeprowadzono w temperaturze 25°C, czyli w przybliżeniu temperaturze pokojowej, co jest swego rodzaju kluczowym punktem. Życie dzieje się w ciepłych temperaturach z kwantowego punktu widzenia. Im wyższa temperatura, tym mniejsze prawdopodobieństwo, że mechanika kwantowa będzie miała jakikolwiek wpływ. To się nazywa dekoherencją kwantową.

W kolejnych eksperymentach, opublikowanych w 2004 roku, Klinman i jej współpracownicy wykorzystali ten sam enzym i reakcję i odkryli, że powyżej 30°C reakcja zachowywała się zgodnie z przewidywaniami mechaniki klasycznej. Nie ma potrzeby mechaniki kwantowej.

Tak więc w temperaturach poniżej zera, gdzie zauważalne jest tunelowanie kwantowe enzymów, jest zbyt zimno na życie, więc czy to ma znaczenie? Cóż, oczywiście, że tak. Ale zamiast po prostu dawać moje błogosławieństwo kwantowo-biologicznemu modelowi enzymów, chcę wyciągnąć bardziej zniuansowany wniosek.

Jeśli wrócimy do Mary Schweitzer i kolagenu Tyrannosaurus Rex, zobaczymy enzym w działaniu. Kolagenaza katalizowała zrywanie wiązań chemicznych, które pozostawały silne przez dziesiątki milionów lat. W przypadku temperatury i enzymów biorących udział w tym procesie dekoherencja kwantowa prawdopodobnie uniemożliwiła jakikolwiek udział tunelowania, więc nasz model dinozaura prawdopodobnie nie wykorzystuje tunelowania kwantowego.

Aby przyznać uznanie temu modelowi, należy zauważyć, że w badaniach nad enzymami istnieje wiele pytań bez odpowiedzi. Być może te początkowe eksperymenty są cienkim końcem klina i być może pewnego dnia biologia kwantowa pomoże nam na nie odpowiedzieć.

To odkrycie, które zaprzeczało modelom klasycznym, było pierwszym krokiem w ekscytujący świat biologii kwantowej. Skłoniło naukowców do myślenia, że być może efekty kwantowe odgrywają w żywych organizmach znacznie większą rolę, niż wcześniej sądzono. Być może nawet nasz mózg, z jego niewiarygodną złożonością i zdolnością do świadomości, funkcjonuje dzięki procesom kwantowym. Ale do tego wrócimy w kolejnych rozdziałach. Na razie zagłębmy się w samą fizykę kwantową i rozważmy jej różne interpretacje.

Rozdział 2: Mechanika Kwantowa - Czym Ona Jest?

Równanie Schrödingera: Piękno i Znaczenie

$$i\hbar \frac{\partial \Psi}{\partial t} = \hat{H}\Psi$$

Na górze znajduje się jedno z najważniejszych równań wszech czasów - równanie falowe Schrödingera. Pozwól, że wyjaśnię, dlaczego jest ono tak piękne.

Prostota i elegancja

Po pierwsze, jest uważane za dość proste. W świecie fizyki proste i eleganckie wzory są zwykle najważniejsze. Nawet Einstein mocno wierzył, że świat i wszechświat można opisać za pomocą kilku... ładnych formuł. Dobrze skonstruowana teoria jest zazwyczaj wizualnie przyjemna pod względem równań.

Jak sam Einstein powiedział: "Trudno zaprzeczyć, że najwyższym celem każdej teorii jest uczynienie nieredukowalnych elementów podstawowych tak prostymi i tak nielicznymi, jak to możliwe, bez konieczności rezygnacji z odpowiedniej reprezentacji pojedynczego doświadczenia".

Pomyśl o tym w ten sposób. To tak, jakbyś chciał wyrazić swoje emocje. Czasami nie zastanawiasz się nad nimi zbyt wiele, twoje słowa po prostu się wyrzucają i tworzysz chaotyczną kaskadę słów. Twój słuchacz nadal może zrozumieć, co mówisz, ale dość trudno jest śledzić twoje myśli. Ale jeśli zapiszesz swoje myśli na papierze, prawdopodobnie znajdziesz lepszy sposób ich wyrażenia. Bardziej wydajny i zwięzły sposób. Dotyczy to również teorii fizycznych. Możemy mieć dobre teorie, ale niektóre z nich są po prostu bardziej eleganckie niż inne.

Oczywiście to ciężka praca i zawsze powinniśmy akceptować naszą naukową niezdolność do upraszczania. Ale oprócz formalnego piękna równanie Schrödingera mówi nam coś więcej. Jest to punkt wyjścia do zrozumienia mechaniki kwantowej. Co to jest?

Mechanika Kwantowa i Świat Mikroskopowy

Po pierwsze, mówiąc o „bardzo małych rzeczach", mamy na myśli rzeczy, które istnieją w świecie rzeczywistym, ale są w skali atomowej. Mówimy o atomach i cząstkach subatomowych. Można więc powiedzieć, że mechanika kwantowa zajmuje się światem atomowym i subatomowym. A jeśli weźmiesz dużo cząstek, otrzymasz świat makroskopowy.

Świat makroskopowy to świat, do którego jesteśmy przyzwyczajeni. W życiu codziennym mamy do czynienia z obiektami makroskopowymi. Twój ekspres do kawy to obiekt makroskopowy. Składa się jednak z cząstek atomowych i subatomowych.

Świat makroskopowy jest dobrze opisany przez fizykę klasyczną. Na przykład Newton podał nam pewne prawa, które dobrze pasują do tego, co obserwujemy w życiu codziennym. Fizyka klasyczna może pomóc nam zrozumieć, dlaczego Ziemia krąży wokół Słońca, dlaczego mamy pory roku, jak latają samoloty i wiele więcej. Jest więc naprawdę przydatna.

Ale w pewnym momencie, pod koniec XIX i na początku XX wieku, naukowcy zdali sobie sprawę, że czegoś brakuje. Kiedy postanowili zbadać świat atomowy i subatomowy, odkryli, że fizyka klasyczna już nie działa. Potrzebowali innego podejścia. To był ogromny problem, który należało rozwiązać. W rzeczywistości fizyka przestaje być fizyką, jeśli nie potrafi opisać rzeczywistości.

Potrzeba Nowego Podejścia

Chęć rozwiązania rozbieżności między obserwowanymi zjawiskami a teorią klasyczną doprowadziła do dwóch głównych rewolucji w fizyce, które spowodowały zmianę pierwotnego paradygmatu naukowego: teorii względności i rozwoju mechaniki kwantowej.

Najważniejszym wynikiem jest to, że światło zachowuje się pod pewnymi względami jak cząstki, a pod innymi jak fale. To brzmi dość dziwnie! I dokładnie tak myśleli fizycy, kiedy po raz pierwszy zetknęli się z niezbadanym światem mechaniki kwantowej.

Dualizm Korpuskularno-Falowy

Pozwól, że wyjaśnię to lepiej. Materia, „substancja" wszechświata, składa się z cząstek, takich jak elektrony i atomy. Ale wykazuje również falowe zachowanie. Zjawisko to zostało potwierdzone nie tylko dla cząstek elementarnych, ale także dla cząstek złożonych, takich jak atomy, a nawet cząsteczki. W przypadku cząstek makroskopowych, ze względu na ich wyjątkowo krótką długość fali, właściwości falowe zwykle nie dają się wykryć.

Chociaż wykorzystanie dualizmu korpuskularno-falowego jest dobrze ugruntowane w fizyce, jego znaczenie lub interpretacja nie zostały zadowalająco rozwiązane. Bohr nazwał to „paradoksem dualizmu" i uważał to za fundamentalny lub metafizyczny fakt natury. Dany typ cząstki będzie czasami wykazywał zachowanie falowe, a czasami zachowanie cząsteczkowe, w zależności od rodzaju eksperymentu.

Eksperyment z Dwoma Szczelinami

Jednym z najbardziej znanych eksperymentów, które pozwoliły naukowcom zrozumieć dwoistą naturę materii, był eksperyment z podwójną szczeliną. Pokazuje on z niewiarygodną dziwnością, że maleńkie cząstki materii mają właściwości falowe i sugeruje, że sam akt obserwacji cząstki ma dramatyczny wpływ na jej zachowanie.

Na początek wyobraź sobie ścianę z dwoma szczelinami. Wyobraź sobie, że rzucasz piłkami tenisowymi w ścianę. Niektóre odbiją się od ściany, ale niektóre przejdą przez szczeliny. Jeśli za pierwszą ścianą znajduje się kolejna ściana, piłki tenisowe, które przeszły przez szczeliny, uderzą w nią. Jeśli zaznaczysz wszystkie miejsca, w których piłki uderzyły w drugą ścianę, co spodziewasz się zobaczyć? Poprawnie. Dwa paski znaków o kształcie zbliżonym do szczelin.

Teraz wyobraź sobie światło w pobliżu ściany z dwoma szczelinami. Kiedy fala przechodzi przez obie szczeliny, zasadniczo dzieli się na dwie nowe fale, z których każda rozchodzi się ze szczelin. Te dwie fale oddziałują na siebie i mówi się, że interferują ze sobą. Interferencja może być destrukcyjna lub konstruktywna, aw pierwszym przypadku zniosą się one wzajemnie. W drugim przypadku będą się wzajemnie wzmacniać, tworząc plamy najjaśniejszego światła. Tak więc, gdy światło napotka drugą ścianę, umieszczoną za pierwszą, zobaczysz wzór w paski zwany wzorem interferencyjnym.

Teraz, jeśli zrobisz to samo z wiązką elektronów, spodziewasz się zobaczyć dwa prostokątne paski na drugiej ścianie, tak jak w przypadku piłek tenisowych, ponieważ są to cząstki. Ale w rzeczywistości widać, że miejsca, w które uderzają elektrony, powielają wzór interferencyjny z fali (rys. 1).

Jak widać, eksperyment ten pokazuje, że to, co nazywamy „cząstkami", takie jak elektrony, w jakiś sposób łączy w sobie cechy zarówno cząstek, jak i fal. I to jest prawdziwa esencja świata kwantowego.

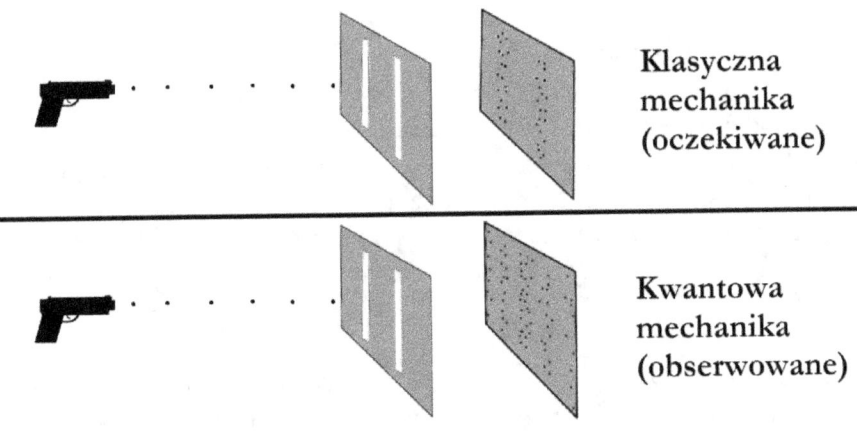

Rysunek 1. Ten obraz ilustruje fundamentalną różnicę między przewidywaniami mechaniki klasycznej a obserwowanymi wynikami w

świecie kwantowym, jak pokazano w kultowym eksperymencie z podwójną szczeliną.

Góra: „Oczekiwany" wynik, oparty na fizyce klasycznej. Gdyby cząstki były po prostu małymi kulkami, to po wystrzeleniu w kierunku bariery z dwoma szczelinami na ekranie detektora powstałyby dwa oddzielne pasma, odpowiadające cząstkom przechodzącym przez każdą szczelinę.

Dół: „Obserwowany" wynik w świecie kwantowym. Kiedy cząstki takie jak elektrony lub fotony są kierowane na podwójne szczeliny, wykazują one falowe zachowanie, tworząc na ekranie wzór interferencyjny. Ten wzór, z naprzemiennymi jasnymi i ciemnymi pasmami, powstaje w wyniku falowej natury cząstek, które interferują same ze sobą, nawet gdy są wysyłane pojedynczo.

Zasadniczo wszystko można opisać lub połączyć z tym, co nazywamy funkcją falową. W fizyce funkcję falową oznaczamy zwykle grecką literą „psi": ψ. I jeśli pamiętasz, funkcja psi pojawia się w równaniu Schrödingera.

W mechanice kwantowej równanie Schrödingera jest podstawowym równaniem określającym ewolucję w czasie stanu układu, takiego jak cząstka, atom lub cząsteczka.

Intuicja a mechanika kwantowa

Jeśli chodzi o mechanikę kwantową, intuicja już nie istnieje. Na przykład, jeśli trzymasz piłkę, zauważysz, że ma ona pewną masę ze względu na swoją wagę. Możesz poczuć jej ciężar, a jeśli podniesiesz coś cięższego, również to zauważysz. To po prostu coś bardzo intuicyjnego, a świat fizyki klasycznej zbudowany jest na tego rodzaju intuicji.

Jednak jeśli chodzi o fizykę kwantową, sprawy się komplikują i szybko zdajemy sobie sprawę, że nie możemy dokładnie przewidzieć, co stanie się na przykład z ruchem piłki. Albo nie możemy precyzyjnie powiedzieć, czy na przykład kot jest czarny czy biały.

Rzeczywistość kwantowa i pomiar

Według mechaniki kwantowej otaczający nas świat nie ma jasno określonych właściwości, dopóki ich nie zmierzymy. Wyobraź sobie rzeczywistość jako zbiór możliwości, z których każda ma określone prawdopodobieństwo wystąpienia. Kiedy dokonujemy pomiaru, wybieramy jedną z tych możliwości i staje się ona rzeczywistością.

Rozważmy przykład kota. Wiesz, że masz kota, ale nie znasz jego koloru. Mechanika kwantowa mówi, że jedynym sposobem, aby dowiedzieć się, jaki jest kolor kota, jest jego „zmierzenie". Odbywa się to za pomocą specjalnych narzędzi matematycznych, które są stosowane do „stanu" kota. Wynikiem pomiaru może być czarny, biały lub dowolny inny kolor. Jeśli będziemy powtarzać eksperyment wiele razy, otrzymamy rozkład prawdopodobieństwa kolorów, a prawdziwy kolor kota będzie pojawiał się najczęściej.

Mechanika kwantowa musi również wyjaśniać świat, który znamy. Jeśli widzimy, że kot jest biały, to pomiary kwantowe powinny dawać głównie wynik „biały".

Mechanika kwantowa często przeczy naszej intuicji, ponieważ opisuje zachowania bardzo różniące się od tego, co obserwujemy na dużą skalę. Na przykład zasada nieoznaczoności Heisenberga mówi, że nie możemy jednocześnie znać dokładnego położenia i prędkości cząstki.

Kolejnym ciekawym zjawiskiem jest splątanie kwantowe. Jeśli dwie cząstki są splątane, to pomiar jednej z nich natychmiast wpływa na stan drugiej, nawet jeśli są one daleko od siebie, a dzieje się to szybciej niż prędkość światła, co jest niemożliwe według praw fizyki klasycznej.

Probabilistyczny opis natury

Mechanika kwantowa uczy nas kluczowej lekcji na temat natury: jej opis jest z natury probabilistyczny. Przed mechaniką kwantową byliśmy przyzwyczajeni do myślenia, że światem rządzą określone prawa, które dają precyzyjne wyniki. Podejmujesz działanie, otrzymujesz dokładny wynik, a każdemu działaniu towarzyszy pozornie przewidywalna reakcja.

Natura jednak tak nie działa. Prawdopodobieństwo zajścia zdarzenia, takiego jak to, gdzie cząstka pojawi się na ekranie w eksperymencie z podwójną szczeliną, jest związane z kwadratem wartości bezwzględnej amplitudy jej funkcji falowej. Możemy tylko powiedzieć, że na przykład mamy 80% szans na znalezienie cząstki w danym przedziale pozycji, ale dowiemy się, gdzie ona jest, dopiero wtedy, gdy ją zmierzymy.

Kolejną ważną rzeczą, którą mówi nam mechanika kwantowa, jest to, że niemożliwe jest jednoczesne poznanie wartości wszystkich właściwości układu. Wiąże się to oczywiście z omawianą wcześniej zasadą nieoznaczoności.

I wreszcie ostatnia, ale nie mniej ważna rzecz: wiemy, że mechanika kwantowa jest dobrą teorią, ponieważ mimo że bada „bardzo małe rzeczy", w przypadku dużych układów bardzo dobrze przybliża klasyczny opis przyrody.

Wnioski

Podsumujmy więc najważniejsze punkty mechaniki kwantowej:

- **Superpozycja:** Cząstka nie istnieje w jednym konkretnym miejscu, ale raczej w „fali prawdopodobieństwa", jakby rozmazana w przestrzeni. Dopiero po interakcji z innym obiektem „wybiera" jedną z możliwych lokalizacji, w której zostanie wykryta. Zjawisko to nazywa się superpozycją.
- **Splątanie:** Dwie cząstki, które kiedyś oddziaływały, pozostają połączone, jakby niewidzialną nicią. Zmiana stanu jednego natychmiast wpływa na drugi, nawet jeśli są one oddzielone ogromnymi odległościami. To „upiorne działanie na odległość" zaprzecza fizyce klasycznej, w której informacja nie może podróżować szybciej niż światło.

Aby w jakiś sposób zrozumieć te niewiarygodne zjawiska, naukowcy tworzą interpretacje mechaniki kwantowej. Pomagają wyjść poza wzory i wyobrazić sobie, co tak naprawdę się dzieje. Każda interpretacja oferuje własną perspektywę świata kwantowego i żadna z nich nie jest jeszcze powszechnie akceptowana, więc przyjrzyjmy się niektórym z nich.

Interpretacja kopenhaska

To, co napisałem wcześniej, było opisem interpretacji kopenhaskiej, która do dziś pozostaje najczęstszym sposobem rozumienia mechaniki kwantowej. Ale pozwól, że napiszę o tym jeszcze raz, aby zobaczyć, czym może się ona różnić od poniższych interpretacji:

Wyobraź sobie świat kwantowy jako grę w kości, w której wynik każdego rzutu jest determinowany nie przez prawa fizyki, ale przez czysty przypadek. Taka jest istota interpretacji kopenhaskiej – najpowszechniejszego, ale dalekiego od doskonałości, poglądu na mechanikę kwantową.

W tym świecie cząstki nie mają określonych właściwości, takich jak położenie czy pęd, dopóki na nie nie spojrzymy. Istnieją w dziwnym stanie superpozycji, jakby rozmazane jednocześnie we wszystkich możliwych stanach. Dopiero akt obserwacji zmusza ich do „wyboru" jednego konkretnego stanu, a proces ten nazywany jest kolapsem funkcji falowej.

Funkcja falowa to narzędzie matematyczne opisujące wszystkie możliwe stany układu kwantowego i ich prawdopodobieństwa. Ale czym jest „obserwacja"? A co dokładnie powoduje załamanie funkcji falowej? Interpretacja kopenhaska nie udziela jasnych odpowiedzi na te pytania.

Staje się to szczególnie problematyczne, gdy mamy do czynienia z dużymi układami składającymi się z wielu cząstek. Gdzie jest granica między światem kwantowym a klasycznym? A dlaczego my sami, będąc częścią tego świata, nie istniejemy w superpozycji stanów?

Eksperymenty takie jak kwantowa gumka z opóźnionym wyborem dodatkowo zaostrzają te pytania. Pokazują, że układy kwantowe mogą oddziaływać z innymi układami bez niszczenia ich superpozycji. Podważa to rolę obserwatora i skłania do zastanowienia się, czy istnieją głębsze mechanizmy rządzące światem kwantowym.

Interpretacja kopenhaska, mimo swojej popularności, pozostawia wiele tajemnic. Nie wyjaśnia, jak i dlaczego dochodzi do załamania funkcji falowej i czym tak naprawdę jest obserwacja. Otwiera to drzwi dla innych interpretacji, które próbują wypełnić te luki i zaoferować pełniejsze zrozumienie rzeczywistości kwantowej.

Teorie obiektywnego kolapsu: kolaps bez obserwatora

Wyobraź sobie funkcję falową jako bańkę mydlaną, która może pęknąć sama, bez użycia igły. Taka jest istota teorii obiektywnego kolapsu – alternatywnego spojrzenia na mechanikę kwantową, które odrzuca konieczność istnienia obserwatora dla kolapsu funkcji falowej.

W tych teoriach każda cząstka ma pewne, choć bardzo małe, prawdopodobieństwo spontanicznego „pęknięcia" – przejścia od superpozycji stanów do jednego określonego stanu. Im więcej cząstek jest splątanych w układzie, tym większe prawdopodobieństwo takiego spontanicznego kolapsu.

To wyjaśnia, dlaczego duże obiekty, składające się z bilionów cząstek, zachowują się klasycznie, a nie kwantowo. Po prostu ich superpozycja zapada się zbyt szybko, abyśmy mogli ją zauważyć.

Inne teorie łączą kolaps funkcji falowej z grawitacją. Sugerują one, że superpozycja stanów tworzy pewne "napięcie" w strukturze czasoprzestrzeni, a im większe jest to napięcie, tym wyższe jest prawdopodobieństwo kolapsu.

Teorie obiektywnego kolapsu rozwiązują problem obserwatora, ale wprowadzają również zmiany do samej mechaniki kwantowej. Przewidują odchylenia od standardowych równań kwantowych, które mogą być wykrywalne w przyszłych eksperymentach.

Paradoks EPR i Retroprzyczynowość: Podróże w czasie na poziomie kwantowym

Wyobraź sobie dwie splątane cząstki oddzielone ogromną odległością. Jeśli zmierzymy spin jednej z nich, natychmiast znamy spin drugiej, niezależnie od odległości między nimi. To zjawisko, znane jako "upiorne działanie na odległość", przeczy teorii względności Einsteina, która zabrania przesyłania informacji szybciej niż światło.

Aby rozwiązać ten paradoks, niektórzy fizycy zwracają się ku koncepcji retroprzyczynowości - idei, że informacja może podróżować nie tylko do przodu, ale także do tyłu w czasie.

W tym dziwnym świecie cząstki mogą "wiedzieć" o przyszłych pomiarach i odpowiednio dostosowywać swoje stany początkowe. Pozwala to uniknąć natychmiastowego przesyłania informacji i zachować zasadę przyczynowości, ale kosztem wprowadzenia podróży w czasie na poziomie kwantowym.

Jedną z takich interpretacji jest interpretacja transakcyjna, w której funkcje falowe podróżują zarówno do przodu, jak i do tyłu w czasie, tworząc rodzaj "dialogu" między przeszłością a przyszłością.

Inną jest superdeterminizm, który twierdzi, że wszystko we wszechświecie, w tym nasze działania i decyzje, było z góry określone od samego początku. W tym ujęciu wolna wola jest iluzją, a mechanika kwantowa jedynie odzwierciedla ten głęboki determinizm.

QBism: Mechanika Kwantowa jako osobista podróż

Wyobraź sobie, że świat kwantowy nie jest obiektywną rzeczywistością, ale raczej odbiciem twoich własnych przekonań i oczekiwań. To jest istota QBism, czyli Kwantowego Bayesianizmu, interpretacji, która stawia obserwatora w centrum mechaniki kwantowej.

W QBism funkcja falowa nie opisuje obiektywnego stanu układu, a jedynie twoje subiektywne przekonania o jego możliwych stanach. Za każdym razem, gdy dokonujesz pomiaru, aktualizujesz swoje przekonania, tak jakbyś obstawiał zakład na wyścigi konne.

Kolaps funkcji falowej, w tym ujęciu, nie jest mistycznym procesem, a jedynie aktualizacją twojej wiedzy o układzie. Różni obserwatorzy mogą mieć różne przekonania, a zatem ich "rzeczywistości" mogą się różnić.

QBism podkreśla rolę informacji i wiedzy w mechanice kwantowej. Oferuje nową perspektywę na pomiar jako proces uczenia się, a nie odkrywania jakiejś obiektywnej prawdy.

Jednak ta interpretacja rodzi również wiele pytań. Jeśli rzeczywistość jest subiektywna, to co jest obiektywne? I czy QBism nie prowadzi do skrajnego relatywizmu, gdzie każdy ma swoją własną prawdę?

Wiele światów: Nieskończoność równoległych rzeczywistości

Wyobraź sobie, że za każdym razem, gdy dokonujesz wyboru, wszechświat dzieli się na dwie kopie, z których każda realizuje jeden z możliwych wyników. To jest istota interpretacji wielu światów - jednej z najśmielszych i najbardziej kontrowersyjnych idei w mechanice kwantowej.

W tym ujęciu funkcja falowa nigdy nie kolapsuje. Zamiast tego, wszystkie możliwe wyniki pomiaru kwantowego zachodzą w różnych równoległych wszechświatach. Obserwujemy tylko jeden wynik, ponieważ sami znajdujemy się w jednym z tych wszechświatów.

Interpretacja wielu światów oferuje eleganckie rozwiązanie problemu pomiaru i kolapsu funkcji falowej. Eliminuje również rolę obserwatora, ponieważ wszystkie możliwe wyniki są równie rzeczywiste.

Jednak ta interpretacja ma również swoje słabości. Wprowadza nieskończoną liczbę nieobserwowalnych wszechświatów, podnosząc pytania o ich fizyczną rzeczywistość i możliwość interakcji między nimi. Ponadto nie wyjaśnia, dlaczego obserwujemy konkretne prawdopodobieństwa przewidywane przez mechanikę kwantową.

Fala pilotująca

Wyobraź sobie, że cząstki kwantowe to małe łódki płynące po falach niewidzialnego oceanu. To jest istota teorii fali pilotującej, czyli mechaniki Bohmiana, interpretacji, która przywraca determinizm do świata kwantowego.

W tym ujęciu cząstki zawsze mają określone położenie i prędkość, a ich ruch jest kierowany przez falę pilotującą. Ta fala rozchodzi się w przestrzeni i określa prawdopodobieństwo znalezienia cząstki w każdym punkcie.

Teoria fali pilotującej eliminuje problem kolapsu funkcji falowej i przywraca klasyczną intuicję dotyczącą cząstek i trajektorii. Ma jednak swoje trudności. Aby wyjaśnić korelacje między splątanymi cząstkami, teoria fali pilotującej wymaga natychmiastowych oddziaływań na dowolną odległość. Jest to sprzeczne z zasadą lokalności w teorii względności Einsteina i stwarza problemy z pogodzeniem mechaniki kwantowej z teorią grawitacji.

Poszukiwanie "najlepszej" interpretacji: Osobista odyseja w świecie kwantowym

Kiedy po raz pierwszy zagłębiłem się w wir mechaniki kwantowej, spotkałem się z zimną i zagmatwaną interpretacją kopenhaską. Jej probabilistyczna natura, z "falami możliwości" zamiast konkretnych faktów, przeczyła mojej intuicji, a nawet słowom samego Einsteina: "Bóg nie gra w kości". Pragnąłem znaleźć coś bardziej określonego, coś, co rezonowało z moim zrozumieniem rzeczywistości.

I wtedy natknąłem się na dwie alternatywne interpretacje, które rozpaliły we mnie iskrę ciekawości: interpretację wielu światów i falę pilotującą Davida Bohma.

Interpretacja wielu światów otworzyła mój umysł na zawrotną wizję nieskończonych równoległych wszechświatów, gdzie każda kwantowa możliwość staje się rzeczywistością. To było jak wciągająca powieść science fiction, gdzie każdy wybór otwiera nowy rozdział w księdze istnienia.

Fala pilotująca Davida Bohma z kolei przywróciła poczucie porządku i determinizmu do świata kwantowego. Cząstki znów miały wyraźne trajektorie, kierowane przez tajemnicze fale pilotujące. To było jak powrót do znanej fizyki klasycznej, ale z nowym, głębszym poziomem zrozumienia.

Oczywiście rozumiałem, że te interpretacje nie są doskonałe. Miały swoje problemy i ograniczenia, ale stały się dla mnie światłem przewodnim w dalszej eksploracji świata kwantowego. Pokazały mi, że istnieją różne sposoby rozumienia mechaniki kwantowej i że wybór interpretacji to nie tylko kwestia naukowej ścisłości, ale także osobistego światopoglądu.

Poszukiwanie prawdy kwantowej: Gdzie spotykają się światy

Każda interpretacja mechaniki kwantowej jest jak soczewka, która oświetla pewne aspekty rzeczywistości, pozostawiając inne w cieniu. Nie ma jednej "poprawnej" odpowiedzi, a poszukiwanie prawdy staje się ekscytującą podróżą, gdzie każdy krok otwiera nowe horyzonty zrozumienia.

Moja książka ma ambitny cel - prześledzić nici mechaniki kwantowej, które przenikają tkankę naszego świata. Widzieliśmy już, jak zjawiska kwantowe wpływają na procesy biologiczne i zagłębiliśmy się w świat cząstek subatomowych, gdzie panują prawa świata kwantowego. Zajrzeliśmy nawet za kulisy różnych interpretacji, próbując zrozumieć, jak wyjaśniają one zadziwiające zjawiska kwantowe.

Teraz nadszedł czas, aby zrobić kolejny krok w naszej podróży. Aby zrozumieć, jak mechanika kwantowa wplata się w makroświat, który widzimy wokół nas, musimy zrozumieć podstawowe zasady innej fundamentalnej teorii - teorii względności Einsteina. To teoria, która opisuje świat dużych prędkości i masywnych obiektów, świat, w którym czas i przestrzeń stają się elastyczne i względne.

Wydawałoby się, że mechanika kwantowa i teoria względności opisują dwa różne światy: świat cząstek subatomowych i świat gwiazd i galaktyk. Ale w rzeczywistości te dwa światy są nierozerwalnie połączone. Przeplatają się na najgłębszym poziomie rzeczywistości i to właśnie w tym przeplataniu leży klucz do zrozumienia wszechświata w jego całości.

Wyruszmy więc w kolejny rozdział naszej podróży, w którym zbadamy fizykę klasyczną, a konkretnie teorię względności Einsteina.

Rozdział 3: Czas jako iluzja

Einstein i pociąg: względność równoczesności

Wyobraź sobie pociąg poruszający się z niewiarygodną prędkością. Na środku pociągu stoi osoba z dwoma pistoletami, gotowa strzelić do okien z przodu i z tyłu wagonu. Pistolety są tak potężne, że wystrzelone z nich pociski poruszają się z prędkością zbliżoną do prędkości światła.

Kiedy osoba strzela, dzieje się coś niesamowitego. Dla obserwatora w pociągu oba okna pękną jednocześnie. Jednak dla obserwatora na peronie sytuacja będzie wyglądała nieco inaczej. Pocisk wystrzelony do tyłu dotrze do tylnego okna i rozbije je jako pierwszy, ponieważ oba poruszają się w tym samym kierunku. Ale pocisk lecący do przodu musi pokonać ruch pociągu, więc dotrze do przedniego okna nieco później. Dzieje się tak dlatego, że dla obserwatora na peronie pocisk poruszający się do przodu ma większą prędkość niż pocisk poruszający się do tyłu, a czas dla niego "zwolni", aby nie przekroczyć limitu prędkości światła.

Zatem z perspektywy obserwatora na peronie najpierw pęknie tylne okno, a potem przednie. To zjawisko, które przeczy naszej intuicji, jest wynikiem efektów szczególnej teorii względności.

To zjawisko nazywa się względnością równoczesności. Sugeruje ono, że w naszym świecie istnieją pozornie dwie różne rzeczywistości. W jednej rzeczywistości oba okna są albo nienaruszone, albo rozbite jednocześnie, podczas gdy w drugiej jest moment, w którym tylne okno jest już rozbite, ale przednie jeszcze nie.

To nie są dwa różne wszechświaty; obie osoby znajdują się w tym samym wszechświecie. Ale nie będą się zgadzać co do tego, kiedy okna się rozbiły.

Jakkolwiek dziwna może się wydawać ta sytuacja, szczególna teoria względności stwierdza, że obie rzeczywistości są równie realne. Nie ma absolutnego "teraz"; równoczesność zdarzeń zależy od układu odniesienia obserwatora.

Ten paradoks podważa nasze intuicyjne rozumienie czasu i przestrzeni. Pokazuje, że rzeczywistość jest znacznie bardziej złożona i niesamowita, niż myśleliśmy.

Dwie równe rzeczywistości

Szczególna teoria względności stwierdza, że obie rzeczywistości opisane w eksperymencie myślowym Einsteina z pociągiem są absolutnie równe. Chociaż może się to wydawać dziwne i nielogiczne, to właśnie taki obraz świata malują nam prawa fizyki.

Często w tym momencie dyskusja się zatrzymuje i po prostu akceptujemy ten fakt jako coś oczywistego. Ale jak powinien wyglądać wszechświat, w którym jest to możliwe? Jak sprzeczne stwierdzenia mogą być prawdziwe jednocześnie?

Zrozumienie, że obie rzeczywistości w eksperymencie myślowym są równe, wymaga głębokiego udoskonalenia naszego rozumienia natury czasu, przestrzeni i ruchu. To zadanie przed nami wymaga nie tylko zdolności do zaakceptowania intuicyjnie nieoczywistych zjawisk fizycznych, ale także zdolności do zrozumienia, jak te zjawiska oddziałują na siebie w ogromnych skalach kosmosu.

W tym kontekście możemy wyobrazić sobie wszechświat jako złożony system, w którym każdy obiekt i każde zdarzenie wpływa na inne. Zgodnie z teorią względności, każdy punkt w czasoprzestrzeni ma swoją własną niezależną historię, a obserwatorzy poruszający się względem siebie mogą mieć różne wyobrażenia o tym, co dzieje się jednocześnie.

Zatem równość obu rzeczywistości polega na tym, że żadna z nich nie jest bardziej obiektywna lub prawdziwa niż druga. Obie rzeczywistości istnieją i mają swoje własne prawa, które odzwierciedlają zasady fizyczne, które obserwujemy w naszym wszechświecie.

Model wszechświata, który przeczy intuicji

Od ponad wieku naukowcy próbują stworzyć model Wszechświata, który byłby zgodny z prawami fizyki i wyjaśniał paradoks równoczesności. I taki model istnieje, choć jest daleki od naszej codziennej intuicji.

Ten model jest akceptowany przez wielu fizyków i filozofów, ponieważ jest poparty prawami fizyki. Jednak nie jest on zbyt pocieszający, ponieważ obraz, który maluje, nie jest zbyt przyjemny ani zachęcający.

Najbardziej złożony mechanizm we Wszechświecie - nasz mózg - nie ewoluował, aby zrozumieć naturę czasu. Jednak sprzeczny obraz Wszechświata, jaki ujawnia nam fizyka, prawdopodobnie wpłynął na samą konstrukcję ludzkiego mózgu.

Jak zobaczymy później, struktura naszego mózgu, wraz z prawami fizyki, w pewien sposób podpowiada, czym jest rzeczywistość i czas.

Książka "Twój mózg to wehikuł czasu" amerykańskiego neurobiologa Deana Buonomano bada, jak ludzki mózg koduje czas. Buonomano, jeden z pierwszych neurobiologów, którzy poświęcili znaczną część swojej kariery temu pytaniu, studiował prace różnych naukowców, aby zrozumieć, jak nasz mózg tworzy poczucie upływu czasu.

Nauka zawsze dąży do oddzielenia eksperymentu od eksperymentatora, aby osiągnąć maksymalną obiektywność. Jednak w przypadku badania czasu Dean Buonomano próbuje zrobić coś przeciwnego. Stara się połączyć subiektywne doświadczenie percepcji czasu z obiektywnymi danymi naukowymi.

Iluzja czasu

Od ponad wieku naukowcy próbują znaleźć coś w świecie fizycznym, co można by nazwać upływem czasu. Jak dotąd, bez powodzenia. Dlatego Buonomano, podobnie jak wielu innych naukowców przed nim, dochodzi do wniosku, że nasze postrzeganie upływu czasu może być tylko iluzją.

Einstein, wyjaśniając swoją teorię względności, powiedział, że czas jest względny i zależy od ruchu obserwatora. Na przykład dla osoby poruszającej się z dużą prędkością czas będzie płynął wolniej niż dla osoby pozostającej w spoczynku.

Buonomano uważa, że nasze poczucie upływu czasu jest wynikiem pracy mózgu, a nie odzwierciedleniem jakiejś obiektywnej rzeczywistości. Porównuje to uczucie do innych subiektywnych wrażeń, takich jak kolor czy smak, które również są wynikiem interpretacji przez mózg sygnałów ze zmysłów.

Wewnętrzny zegar i przewidywanie przyszłości

Pomimo zniekształceń percepcji czasu w izolacji, nasze ciało posiada wewnętrzny zegar, który pomaga nam orientować się w czasie. Intuicyjnie wyczuwamy, kiedy zapali się zielone światło na przejściu dla pieszych lub kiedy skończy się reklama telewizyjna.

Według Deana Buonomano, mechanizmy pomiaru czasu są wbudowane w systemy operacyjne mózgu na najbardziej podstawowym poziomie - na poziomie neuronów, synaps i ich sieci. Dlatego nie ma sensu szukać oddzielnej części mózgu odpowiedzialnej za percepcję czasu, ponieważ większość sieci neuronowych jest zaangażowana w ten proces w taki czy inny sposób.

W najszerszym sensie mózg można nazwać wehikułem czasu. Oczywiście nie w sensie podróży w czasie, ale w sensie pracy z czasem. Przez setki milionów lat zwierzęta rozwinęły zdolność przewidywania przyszłości. Drapieżniki nauczyły się przewidywać zachowanie swoich ofiar, a ofiary - zachowanie drapieżników. Wszystkie próbowały przewidzieć zachowanie potencjalnych partnerów.

Niektóre zwierzęta przygotowują się na przyszłość, gromadząc żywność, budując gniazda i tak dalej. Życie na Ziemi przewiduje zmianę pór roku, dnia i nocy. Ci, którzy nie poradzili sobie z tym zadaniem, nie przeżyli i nie pozostawili potomstwa.

Automatyczne przewidywanie przyszłości

Niezależnie od tego, czy zdajemy sobie z tego sprawę, czy nie, nasz mózg nieustannie próbuje przewidzieć, co się wydarzy. Te krótkoterminowe prognozy, mniej więcej na kilka sekund do przodu, są dokonywane automatycznie i nieświadomie.

Na przykład, jeśli piłka spadnie ze stołu, automatycznie wykonujemy ruch, aby ją złapać, gdy odbije się od podłogi. Ale zupełnie inaczej reagujemy, jeśli ze stołu spadnie kawałek ciasta.

Ludzie i inne zwierzęta nieustannie próbują dokonywać przewidywań na bardzo różne okresy czasu. Kot, znajdując się w nowym domu, napięcie buduje mentalną mapę okolicy, obwąchując wszystko dookoła, przygotowując się na to, co może się wydarzyć nie tylko za kilka sekund, ale także za kilka minut, a nawet godzin.

Wilk, zatrzymując się, aby zebrać wszelkie znaki, dźwięki i zapachy, szuka wskazówek, które pomogą mu zidentyfikować potencjalnych wrogów, ofiary lub partnera.

Nawet ptaki zapylające potrafią zmierzyć czas, jaki upłynął od ich ostatniej wizyty na danym kwiecie, aby nektar zdążył się zgromadzić do następnego razu.

Wewnętrzny zegar i przewidywanie przyszłości

Praktycznie wszystkie przejawy życia, od zdolności trafienia włócznią w poruszający się cel, przez zrozumienie, kiedy należy się śmiać na końcu dowcipu lub zagrać "Sonatę księżycową" Beethovena, po zdolność regulowania dziennego cyklu snu i czuwania lub miesięcznego cyklu menstruacyjnego - wszystko to wymaga umiejętności pomiaru czasu.

Mózg nie tylko liczy sekundy, godziny i dni naszego życia, ale także rozpoznaje i tworzy wzorce czasowe, takie jak rytmy muzyczne i precyzyjne sekwencje ruchów, które pozwalają gimnastykom wykonywać akrobacje. Nasza naturalna chęć klaskania w dłonie, pstrykania palcami lub kiwania głową w rytm muzyki.

Twój mózg patrzy kilkaset milisekund do przodu, przewiduje następne uderzenie i synchronizuje twoje działania z nim. Jeśli chcesz zrozumieć, jak głęboko jest to w nas zakorzenione, spróbuj złamać rytm muzyki i, na przykład, pstryknąć palcami poza rytmem. Aby to zrobić, będziesz musiał skupić całą swoją uwagę, podczas gdy utrzymanie rytmu muzyki wymaga prawie żadnej koncentracji.

Mózg tworzy upływ czasu

Nie tylko przewidywanie, ale samo poczucie upływu czasu, ciągłości teraźniejszości, jest tworem naszego mózgu. Można to łatwo sprawdzić za pomocą prostego eksperymentu.

Poproś kogoś, aby stanął przed tobą i zacznij patrzeć na przemian na jego lewe i prawe oko. Zauważysz, że oczy tej osoby się poruszają, a ten ruch zajmuje trochę czasu.

Teraz podejdź do lustra i spróbuj zrobić to samo, patrząc na przemian na lewe i prawe oko swojego odbicia. Zauważysz, że twoje odbicie w ogóle nie mruga, nawet nie próbuje. Dzieje się tak dlatego, że mózg po prostu wycina ten moment i wszystkie momenty, które występują, gdy przenosisz wzrok z jednego obiektu na drugi. Nawet tego nie zauważamy, obraz wydaje nam się ciągły.

To samo dzieje się podczas mrugania. Mózg zszywa ze sobą klatki przed i po zamknięciu powiek. Można powiedzieć, że to drobiazg, ale na przykład przy prędkości 100 km/h samochód pokonuje około 5 metrów podczas mrugnięcia. 5 metrów, które po prostu dla ciebie nie istnieją.

Jasne jest, dlaczego tak się dzieje. Nie ewoluowaliśmy, aby podejmować decyzje w takich warunkach, dlatego tak niebezpieczne są wyścigi w mieście. Kierowcy Formuły 1, gdzie prędkości przekraczają 350 km/h, generalnie uczą się mrugać tylko na określonych odcinkach toru.

Ogólnie rzecz biorąc, gromadzimy około godziny wyciętego materiału dziennie. Tak więc iluzja ciągłości rzeczywistości jest zasługą mózgu. Jedyną rzeczą, której doświadczamy bezpośrednio, jest wieczne "teraz".

Wieczne "teraz" Clive'a Wearinga

W rzeczywistości nie możemy być w żadnym innym momencie niż "teraz". A jednak, kiedy próbujemy uchwycić to właśnie "teraz", natychmiast nam się wymyka.

Ale nie dla wszystkich. Jest jeden człowiek z rzadkim i specyficznym uszkodzeniem mózgu, z powodu którego jego teraźniejszość w pewnym sensie zatrzymała się około 40 lat temu. To brytyjski krytyk muzyczny Clive Wearing, którego mózg po ciężkiej chorobie zakaźnej i uszkodzeniu hipokampa całkowicie utracił zdolność tworzenia silnych nowych wspomnień długoterminowych.

To jeden z najcięższych przypadków amnezji na świecie. Jego pamięć o wydarzeniach trwa od 7 do 30 sekund. Całe jego życie polega na tym, że średnio co 20 sekund wydaje mu się, że "budzi się", restartując swoją świadomość po wygaśnięciu pamięci krótkotrwałej.

Co kilkadziesiąt sekund, od prawie 40 lat, wydaje mu się, że właśnie wyszedł ze śpiączki. Jeśli jest zaangażowany w rozmowę dłużej niż kilka zdań, zaleca się mu prowadzenie osobistego dziennika, co też robi.

Ale jeśli zajrzymy do środka, zobaczymy przerażający obraz. Strona po stronie, wpisy wyglądają tak:

"8:30 rano. Teraz jestem naprawdę w pełni obudzony."

Następnie Wearing przekreśla tę linię i pisze:

"9:06 rano. Teraz jestem absolutnie zdecydowanie obudzony."

Znów przekreślone:

"9:34 rano. Teraz jestem najbardziej zdecydowanie naprawdę obudzony."

Badając jego pamiętniki, widzimy, że w pewnym momencie zaczyna pisać czas dużymi liczbami, z takim naciskiem, jakby próbował zaznaczyć się w kontinuum, dostać się do pociągu czasu.

To jak mała śmierć co kilkadziesiąt sekund, z którą tak desperacko próbuje walczyć. Napis wielkimi literami: "ŻYJĘ!". I za każdym razem nie wiedział, jak i przez kogo zostały zrobione poprzednie wpisy, chociaż rozpoznawał swoje pismo.

Ponieważ Wearing nie może zrozumieć, gdzie jest ani jak się tu dostał, jedynym możliwym wyjaśnieniem dla jego mózgu jest to, że właśnie się obudził. Niekończąca się pętla jednego jedynego momentu.

W dokumencie z 2005 roku Wearing odpowiada na podobne pytania:

"Jesteście pierwszymi ludźmi, których widziałem. Wy troje: dwóch mężczyzn i jedna kobieta. Pierwsi ludzie, których widziałem od czasu, gdy zachorowałem. Nie ma różnicy między dniem a nocą. Żadnych myśli, żadnych snów..."

Historia Clive'a Wearinga jest tragiczna i choć tego nie dowodzi, to jednak sugeruje, że być może dla ludzi moment, który nazywamy "teraz", jest związany z pamięcią krótkotrwałą i nie dzieje się w jednej chwili, ale raczej w szarpnięciach, mając pewien czas trwania. Oznacza to, że świadome odczuwanie teraźniejszości można porównać raczej do nuty niż do zamrożonej klatki filmu.

Materia i świadomość

Neuropsycholog, językoznawca i emerytowany profesor psychologii na Uniwersytecie Harvarda, Steven Pinker, zauważył:

"Materia jest rozłożona w przestrzeni, ale świadomość istnieje w czasie."

(Zapamiętaj ten cytat; będzie przydatny w kolejnych sekcjach.) To stwierdzenie jest tak oczywiste jak "Myślę, więc jestem".

Jednakże pojawia się pytanie: jak gęsto świadomość jest rozłożona w czasie? Jak krótki moment możemy uchwycić?

Wpływ substancji psychoaktywnych na postrzeganie czasu

Nasze poczucie czasu ulega znacznej zmianie pod wpływem substancji psychoaktywnych. William James, jeden z twórców współczesnej psychologii, pisał: „Pod wpływem haszyszu pojawia się interesujące uczucie rozciągania się czasu. Zaczynamy wypowiadać zdanie, ale kiedy dochodzimy do końca, wydaje się, jakbyśmy zaczęli mówić wieczność temu".

Aktywny składnik haszyszu lub marihuany, tetrahydrokannabinol (THC), zgodnie z danymi eksperymentalnymi, rzeczywiście wywołuje uczucie spowolnienia lub zatrzymania się czasu zewnętrznego. Po jego użyciu ludzie szacowali jednominutowy odstęp jako 42 sekundy.

Ale zmiana w postrzeganiu czasu następuje nie tylko pod wpływem substancji. Często słyszeliśmy, a niektórzy nawet doświadczyli, efektu spowolnienia czasu podczas silnego szoku emocjonalnego lub sytuacji zagrażających życiu.

Przyczyny takiego zniekształcenia czasu nie są w pełni zrozumiałe. Istnieje kilka hipotez:

1. **Przetaktowywanie mózgu.** Przez analogię do przetaktowywania procesora, Buonomano sugeruje, że mózg może krótko zwiększyć swoją wydajność o 10-20%.
2. **Hipermnesia.** Ludzie postrzegają wydarzenia w zwolnionym tempie nie w momencie zdarzenia, ale później, przypominając je sobie. Podczas reakcji "walcz lub uciekaj" mózg może zwiększyć rozdzielczość czasową i przestrzenną pamięci. Tak więc, z perspektywy czasu, wydaje się, że wszystko działo się wolniej.
3. **Subiektywne zniekształcenie czasu.** Autor książki, będąc w wypadku samochodowym, czuł, że czas zwolnił. Jednak nagranie wideo z wypadku pokazało, że wszystko działo się w

normalnym tempie. To potwierdza, że w takich momentach nasze postrzeganie czasu może być zniekształcone.

Meta-iluzja: Iluzja czasu

Buonomano proponuje trzecią, najbardziej intrygującą hipotezę, zwaną "meta-iluzją". Aby zrozumieć jej istotę, spróbuj dotknąć ręką jakiegoś przedmiotu, takiego jak ściana, stół lub telefon, i obserwuj swoje odczucia. Czy nie wydaje ci się dziwne, że chociaż wrażenie przedmiotu powstaje w mózgu, czujemy go nie w głowie, ale dosłownie przenosimy go do konkretnego punktu w przestrzeni?

Buonomano pisze, że jednym z najgłębszych subiektywnych uczuć człowieka jest to, że nasze palce, dłonie, stopy, całe nasze ciało należy do nas. A to wszystko jest jedną wielką iluzją.

Kończyny fantomowe i iluzja posiadania ciała

Prawdopodobnie słyszałeś o zespole kończyny fantomowej. Niektórzy ludzie, po amputacji ręki lub nogi, nadal czują ją tak wyraźnie, jak większość z nas czuje prawdziwe kończyny. To zjawisko sugeruje, że mózg tak ciężko pracuje, aby stworzyć w nas poczucie własności kości, mięśni i nerwów, które tworzą nasze kończyny, że nadal podtrzymuje tę iluzję pomimo zniknięcia samych kończyn.

Jeśli uderzysz się młotkiem w palec, mózg wyświetli wrażenie bólu w określonym obszarze przestrzeni - twoim palcu. Ale jeśli położysz sztuczną rękę obok swojej ręki, mózg może zmienić percepcję w taki sposób, że poczujesz swoją rękę tam, gdzie jest sztuczna ręka, tak jakby mózg zgodził się uznać sztuczną rękę za twoją. To tak zwana iluzja gumowej ręki.

Opierając się na tym przykładzie, Buonomano sugeruje, że jeśli nasz mózg buduje tak stabilne miraże przestrzenne, to dlaczego nie miałby budować również miraży czasowych? To, co nazywamy upływem czasu, może okazać się iluzją, a zatem nazwa hipotezy "meta-iluzja" oznacza, że spowolnienie czasu jest iluzją iluzji.

Na YouTube możesz wybrać prędkość odtwarzania wideo. Możesz przyspieszyć lub spowolnić wideo dwukrotnie i nadal dobrze odbierać informacje. Buonomano pisze, że nasze normalne poczucie czasu jest konstrukcją mentalną, która może mieć różne ustawienia prędkości.

Możesz to sprawdzić, oglądając wideo z podwójną prędkością przez 5 minut, a następnie włączając normalną prędkość. Będziesz zaskoczony, jak wolny będzie się wydawał normalny upływ czasu.

Buonomano twierdzi, że prędkość naszego postrzegania czasu nie jest statyczną iluzją. W rzeczywistości stale korzystamy z naszej zdolności do kompresji i rozciągania czasu.

Na przykład, możesz powiedzieć dowolne zdanie w myślach znacznie szybciej niż za pomocą warg i języka. To samo dotyczy wiązania sznurowadeł, wstawania z kanapy i wszelkich innych czynności.

Jego książka podaje kilka przykładów zniekształcenia czasu w sytuacjach zagrażających życiu:

- 20-letni kierowca wyścigowy, który rozbił się przy prędkości 250 km/h, mówi, że wszystko działo się bardzo powoli i wydawało mu się, że gra na scenie, obserwując siebie z boku.
- 21-letni chłopiec, który spadł z wysokości 10 metrów, również czuł, że czas zwolnił i mógł obserwować swój upadek jak gdyby z boku.
- Żołnierz z czasów II wojny światowej, którego samochód został wysadzony w powietrze przez minę, mówi, że czas jakby się zatrzymał, a on istniał tylko w swoich myślach.

Jak widzimy, w sytuacjach krytycznych zmienia się nie tylko postrzeganie czasu, ale także postrzeganie przestrzeni. Wiele osób w takich momentach obserwuje to, co się dzieje, jak gdyby z zewnątrz.

Buonomano pisze, że w każdym innym kontekście powyższe stwierdzenia wydawałyby się halucynacjami lub zaburzeniem świadomości. Być może nagłe uwolnienie endogennych opioidów, które występuje w takich sytuacjach, jest przyczyną takiego zniekształcenia percepcji.

Podstawowa jednostka czasu

Czy istnieje podstawowa jednostka czasu, której nie da się podzielić na coś jeszcze mniejszego? Zegary są najdokładniejszymi instrumentami, jakie kiedykolwiek stworzyliśmy, ale nawet najbardziej zaawansowane zegary atomowe wykazują rozbieżności w swoich odczytach, gdy są umieszczone na różnych wysokościach.

Richard Feynman powiedział kiedyś, że z powodu efektów teorii względności jądro Ziemi powinno być zauważalnie młodsze niż jej skorupa. Ostatnie obliczenia wykazały, że przez cały okres istnienia Ziemi różnica między jądrem a skorupą zgromadziła się do około 2,5 roku.

Nauka nie ma jeszcze odpowiedzi na pytanie, czy czas jest dyskretny czy ciągły. Wielu ekspertów uważa, że istnienie oddzielnych momentów prowadziłoby do paradoksów, takich jak paradoks dychotomii Zenona.

Ten paradoks brzmi następująco: Aby pokonać odległość, musisz najpierw pokonać połowę odległości, a aby pokonać połowę odległości, musisz najpierw pokonać połowę połowy, i tak dalej w nieskończoność.

Paradoks Andromedy

Prawa fizyki są symetryczne względem czasu, co oznacza, że nie nadają one specjalnego znaczenia jego kierunkowi. Przeszłość, teraźniejszość i przyszłość są sobie równoważne. Oznacza to, że „teraz" na skali czasu jest tym samym, co „tutaj" w przestrzeni.

Jednak teoria względności Einsteina komplikuje ten obraz. Przykład z pociągiem pokazuje, że każdy obserwator, w zależności od prędkości i kierunku ruchu, ma własną, niezależną koncepcję chwili obecnej.

Roger Penrose, w swojej książce "Nowy umysł cesarza", przedstawia eksperyment myślowy, który zmusza nas do ponownego przemyślenia naszych wyobrażeń o rzeczywistości. Pokazuje, że nawet przy bardzo małych prędkościach względnych, zmiany w chronologii stają się kolosalne, jeśli dwa punkty znajdują się w dużych odległościach od siebie.

Na przykład, dwaj piesi mijający się powoli na ulicy nie zobaczą różnicy między wydarzeniami dziejącymi się wokół nich. Ale gdybyśmy w momencie ich spotkania zostali przeniesieni do galaktyki Andromedy, to wydarzenia jednoczesne dla nich byłyby w rzeczywistości oddzielone od siebie o kilka dni.

Oznacza to, że przez każdy punkt w czasoprzestrzeni przechodzi nieskończona liczba płaszczyzn równoczesności. Dla każdego punktu w przestrzeni istnieją różne zestawy jednoczesnych zdarzeń.

Nawet najmniejszy ruch głowy zmienia postrzeganą chwilę obecną dla ciebie. We Wszechświecie wszystko staje się jeszcze bardziej absurdalne, gdy uświadomisz sobie, że przestrzenie chwil obecnych są różne dla twojej głowy, rąk, stóp i ciała.

Jak wygląda Wszechświat?

Gdybyśmy mogli wylecieć poza granice przestrzeni i spojrzeć na nią, z perspektywy szczególnej teorii względności zobaczylibyśmy niezmienny czterowymiarowy blok (rys. 2), w którym czas istnieje jako kolejna współrzędna przestrzenna. W ramach takiego modelu, modelu blokowego wszechświata, mówienie o "teraz" jest tym samym, co mówienie o "tutaj", ponieważ każda chwila obecna jest rzeczywista i istnieje na jednym z przekrojów tego bloku.

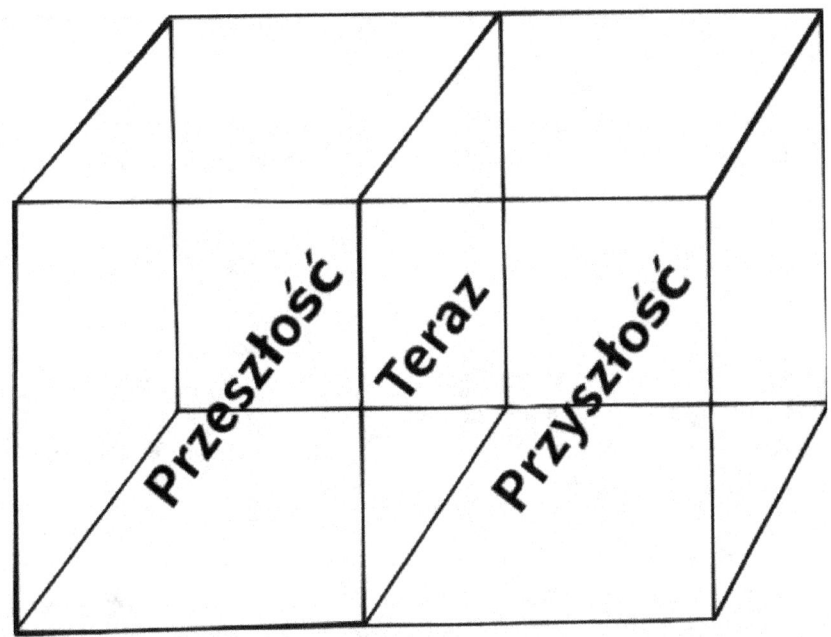

Rysunek 2: Model blokowego wszechświata, gdzie przeszłość, teraźniejszość i przyszłość współistnieją jako część czterowymiarowego kontinuum czasoprzestrzennego. "Teraz" jest jedynie subiektywnym wycinkiem tego bloku, podkreślając względność naszego doświadczenia czasu.

Idea wszechświata blokowego to nie tylko atrakcyjna teoria metafizyczna, ale dobrze ugruntowany fakt naukowy. Warto zauważyć, że kiedy Einstein po raz pierwszy opublikował swoją pracę na temat szczególnej teorii względności, nie twierdził, że czas należy traktować jako czwarty wymiar wszechświata blokowego. Pierwszym, który wyciągnął te zdumiewające wnioski na temat związku między przestrzenią a czasem, był jego nauczyciel z Zurychu, Hermann Minkowski.

Minkowski przedstawił teorię Einsteina w formie geometrycznej, łącząc przestrzeń i czas w jedno czterowymiarowe kontinuum – czasoprzestrzeń. W tej czasoprzestrzeni każde zdarzenie ma swoje współrzędne: trzy przestrzenne i jedną czasową.

Dla ilustracji można wyobrazić sobie uproszczoną dwuwymiarową czasoprzestrzeń, gdzie jedna oś odpowiada czasowi, a druga przestrzeni. W takiej reprezentacji płaszczyzną równoczesności jest linia przechodząca przez pewien moment czasu i łącząca wszystkie zdarzenia, które zachodzą jednocześnie z punktu widzenia danego obserwatora.

Fatalizm

Jeśli wyobrazimy sobie, że czas nie jest płynącą rzeką, ale zamrożonym blokiem, w którym wszystkie wydarzenia z przeszłości, teraźniejszości i przyszłości są już określone, pojawia się pytanie o wolną wolę. Czy nasze wybory są naprawdę wolne, czy są tylko iluzją spowodowaną naszym subiektywnym postrzeganiem czasu?

Koncepcja filozoficzna, która głosi, że wszystkie wydarzenia na świecie są z góry określone i nieuniknione, nazywa się fatalizmem. W ramach wszechświata blokowego, gdzie przyszłość już istnieje, fatalizm może wydawać się logicznym wnioskiem.

Wolna wola we wszechświecie blokowym

Jednak nawet we wszechświecie blokowym istnieje możliwość różnych wersji przyszłości. Dzieje się tak dlatego, że nie możemy znać wszystkich szczegółów stanu początkowego wszechświata i dlatego nie możemy dokładnie przewidzieć wszystkich przyszłych wydarzeń.

Ponadto mechanika kwantowa wprowadza element losowości do procesów fizycznych. Oznacza to, że nawet jeśli znamy stan początkowy układu, nie możemy przewidzieć jego stanu przyszłego z absolutną dokładnością.

Dlatego nawet we wszechświecie blokowym istnieje możliwość różnych wersji przyszłości, a nasze wybory mogą wpływać na to, która z tych opcji zostanie zrealizowana. Jednak nasze poczucie wolnej woli może być iluzją spowodowaną tym, że nie znamy wszystkich szczegółów stanu początkowego wszechświata i nie możemy dokładnie przewidzieć przyszłości.

Determinizm fizyczny i wolna wola

Determinizm fizyczny, czyli idea, że wszystkie wydarzenia na świecie są determinowane przez poprzednie wydarzenia i prawa fizyki, niekoniecznie zaprzecza wolnej woli. Możemy postrzegać wolną wolę jako zdolność do działania zgodnie z naszymi pragnieniami i przekonaniami, nawet jeśli te pragnienia i przekonania same w sobie są determinowane przez procesy fizyczne.

Kwestia wolnej woli jest ściśle związana z pytaniem o naturę czasu. Jeśli czas jest tylko iluzją, czy możemy mówić o swobodzie wyboru? A jeśli czas jest rzeczywisty i ma kierunek, czy możemy zmienić naszą przyszłość?

Przestrzenność czasu przez mózg

Na tym tle interesujące staje się to, że ludzie prawdopodobnie rozwinęli zdolność rozumienia pojęcia czasu za pomocą tych samych mechanizmów, które są przeznaczone do rozumienia przestrzeni. Innymi słowy, na podstawowym poziomie mózg może nie rozróżniać przestrzeni i czasu.

Słynny szwajcarski psycholog Jean Piaget szukał paraleli między psychologią a fizyką. Zrewolucjonizował dziedzinę psychologii rozwojowej, wyjaśniając mechanizmy, dzięki którym dzieci uczą się tak abstrakcyjnych pojęć jak ilość, przestrzeń i czas.

Piaget prawdopodobnie wierzył w istnienie głębokiego związku między wrodzoną ideą względności czasu u dzieci a względnością czasu w teorii Einsteina. Aby zrozumieć, jak czas odbija się w umysłach dzieci, poprosił je o wykonanie różnych prostych zadań.

W jednym z takich zadań Piaget użył dwóch węży, które czołgały się po równoległych torach przez kilka sekund. Na przykład niebieski i żółty wąż zaczynały poruszać się z tej samej pozycji startowej w tym samym czasie i zatrzymywały się w tym samym czasie. Ale niebieski wąż poruszał się dalej, ponieważ czołgał się szybciej.

Dzieci w wieku 5-6 lat błędnie zgłaszały, że wąż, który przepełzł większą odległość, zatrzymał się później. Oznacza to, że paralela z teorią względności jest następująca: dzieci intuicyjnie rozumieją, że dla obiektu poruszającego się z większą prędkością czas się rozciąga.

Mentalna oś czasu

Jak dorośli wyobrażają sobie chronologię? Ułóż lata 2021, 2022 i 2023 w porządku chronologicznym w swoim umyśle. Najprawdopodobniej ułożyłeś je od lewej do prawej. Wydaje się to naturalne, ale dlaczego tak jest? Przecież skalę czasu można sobie wyobrazić w dowolny sposób.

Jeśli używamy przestrzeni do oznaczania czasu, dlaczego nie od prawej do lewej lub od dołu do góry? Czy nie byłoby to bardziej jak poruszanie się naprzód w czasie? Ale nie, ludzie najczęściej wyobrażają sobie skalę czasu od lewej do prawej.

Istnieją eksperymenty potwierdzające istnienie mentalnej osi czasu skierowanej od lewej do prawej. Na przykład w badaniu, w którym uczestnicy musieli porównać czas trwania dźwięków z pewnym wzorcem, ludzie radzili sobie z zadaniem szybciej i lepiej, jeśli mogli użyć palca wskazującego lewej ręki do wskazania krótkiego interwału, a palca wskazującego prawej ręki do wskazania długiego interwału.

Stale używamy metafor przestrzennych do opisywania czasu: "patrzeć w przyszłość", "patrzeć wstecz", "krótki czas", "długi czas" i tak dalej. Metafory z dziedziny przestrzeni są często używane do opisywania czasu, a bardzo rzadko odwrotnie.

Przenikanie się przestrzeni i czasu w mózgu

Chociaż wciąż nie do końca rozumiemy, jak neurony w hipokampie lub innych obszarach mózgu mierzą, odtwarzają i przechowują informacje o wielkości parametrów przestrzennych i czasowych, na podstawie danych filologicznych, psychofizycznych i neurofizjologicznych możemy stwierdzić, że przestrzeń i czas są ze sobą powiązane w naszych obwodach neuronowych.

Ruch w czasie i geometria przestrzeni

Czy geometria przestrzeni zmienia się podczas ruchu w czasie? Chociaż czas bardzo różni się od wymiarów przestrzennych, to kiedy się poruszamy, widzimy, jak zmienia się geometria przestrzeni: obiekty wydają się większe, gdy się do nich zbliżamy, i mniejsze, gdy się oddalamy.

Zmiany zachodzą również podczas ruchu w czasie, choć nie są one tak oczywiste. Obiekty kurczą się wzdłuż kierunku ruchu. Na przykład przy prędkości 60 km/h samochód o długości 5 metrów wydaje się krótszy o 8 mikrometrów.

Przy prędkościach bliskich prędkości światła efekt ten staje się bardziej znaczący. Gdyby rakieta Saturn-5 mogła osiągnąć prędkość 299 992 457 m/s, średnica Księżyca w kierunku ruchu rakiety skurczyłaby się z 3474 km do 284 m.

Subiektywne i obiektywne postrzeganie czasu

Omówiliśmy pojęcie czasu z punktu widzenia naszego osobistego postrzegania i z punktu widzenia fizyki. Teraz spróbujmy połączyć te dwa spojrzenia i uzyskać holistyczny obraz natury. Ale to właśnie jest niemożliwe i to jest jedna z głównych tajemnic wszechświata.

Ze wszystkich przeszkód na drodze do głębokiego zrozumienia życia żaden problem nie jest tak trudny jak problem czasu. Jak wyjaśnić czas? W żaden sposób, chyba że wyjaśnisz życie. Jak wyjaśnić życie? W żaden sposób, chyba że wyjaśnisz czas. Ujawnienie głębokiego i ukrytego związku między czasem a życiem to sprawa przyszłości.

Ludzie i wszystkie żywe istoty mogą poruszać się wzdłuż osi przestrzennych w obu kierunkach, ale ruch wzdłuż osi czasu zawsze odbywa się tylko w jednym kierunku. Przynajmniej ludzie wiedzą to z własnego świadomego doświadczenia. Możemy regulować prędkość ruchu w czasie, ale nie kierunek. Dla nas czas zawsze płynie tylko do przodu i nigdy do tyłu.

Jednocześnie podstawowe prawa fizyki nic nie mówią o tym, dlaczego wydaje nam się, że czas płynie do przodu. Równania Newtona, Einsteina, Maxwella i Schrödingera nie zależą od tego, czy wydarzenia rozwijają się w kolejności do przodu czy do tyłu. Nie mają one określonego teraźniejszego momentu w czasie.

Pomimo wszystkich tych przekonujących argumentów przemawiających za tym, że żyjemy we wszechświecie blokowym, musimy przyznać, że prawa fizyki nie potrafią wyjaśnić najważniejszej ludzkiej obserwacji, czyli tego, że chwila obecna różni się od wszystkich innych chwil i że czas płynie.

Problem przepływu czasu

Einstein, mimo że trzymał się koncepcji wszechświata blokowego, również martwił się rozbieżnością między naszymi odczuciami a współczesnym rozumieniem praw fizyki. Rozpoznał, że doświadczenie teraźniejszości oznacza dla człowieka coś szczególnego, zasadniczo różniącego się od przeszłości i przyszłości.

Tego doświadczenia nie da się wyjaśnić naukowo i dla Einsteina było to powodem bolesnego, ale nieuniknionego odwrotu.

Roger Penrose, po opisaniu eksperymentu myślowego z Andromedą, zauważa, że zgodnie ze szczególną teorią względności takie pojęcie jak "teraz" tak naprawdę nie istnieje. Najlepszym przybliżeniem byłaby przestrzeń jednoczesnych zdarzeń obserwatora w czasoprzestrzeni. Penrose porównuje wszechświat do płyty winylowej, a naszą świadomość do igły gramofonu.

Iluzja przepływu czasu

Rozbieżność między ideą wszechświata blokowego a odczuciem przepływu czasu jest tak głębokim problemem, że wielu fizyków i filozofów uważa, że jedynym sposobem jej rozwiązania jest uznanie odczucia przepływu czasu za iluzję.

Fizyk teoretyczny Paul Davies pisze: "Pozorne uczucie ruchu lub przepływu czasu, być może nabyte przez tylne drzwi myślenia, jest najgłębszą tajemnicą. Czy jest to związane z procesami kwantowymi w mózgu, odzwierciedla obiektywną właściwość czasu w naszym realnym świecie obiektów materialnych, której po prostu nie potrafimy wykryć, czy też przepływ czasu ostatecznie okaże się wyłącznie konstrukcją mentalną, iluzją lub błędem świadomości?"

Uczucie przepływu czasu jest rzeczywiście konstrukcją mentalną, przynajmniej dlatego, że postrzegamy otaczający nas świat z wnętrza naszych głów. Wzrok, podobnie jak dźwięki i zapachy, to także konstrukcje mentalne. Są to iluzje w tym sensie, że nie istnieją w świecie zewnętrznym, ale mają znaczenie adaptacyjne, ponieważ korelują z rzeczywistymi zjawiskami fizycznymi: długością fali elektromagnetycznej, pewnym zestawem fal dźwiękowych lub strukturą chemiczną cząsteczek.

W świecie obiektywnym nie ma koloru niebieskiego, niebieski to iluzja wywołana promieniowaniem elektromagnetycznym o długości fali 470 nm. W świecie obiektywnym nie ma nieprzyjemnych zapachów, ale są na przykład cząsteczki siarki, które mózg interpretuje jako zapach zgniłych produktów.

Każda taka iluzja ma znaczenie adaptacyjne, ponieważ ściśle koreluje z rzeczywistymi zjawiskami fizycznymi.

Bardziej Fundamentalny Poziom Rzeczywistości

Fizyk teoretyczny Brian Greene próbuje wyjaśnić nasze postrzeganie upływu czasu w modelu wszechświata blokowego, porównując każdą chwilę w czasoprzestrzeni do klatki filmu. Ta analogia jest jednak postrzegana przez wielu jako unikanie odpowiedzi, a nie prawdziwe wyjaśnienie.

Być może zderzenie różnych idei doprowadzi nas do lepszego zrozumienia natury czasu. A może czas jest jeszcze bardziej tajemniczy i niezbadany, niż obecnie zdajemy sobie sprawę.

Niedawna książka dziennikarza naukowego George'a Mussera, "Nonlocality," przedstawia dowody na istnienie głębszego poziomu rzeczywistości wykraczającego poza nasze obecne rozumienie, gdzie czasoprzestrzeń jest jedynie pochodną.

Książka cytuje Tima Maudlin'a, czołowego filozofa fizyki na Uniwersytecie Nowojorskim:

Świat to nie tylko zbiór oddzielnie istniejących, zlokalizowanych obiektów, połączonych zewnętrznie jedynie przez przestrzeń i czas. Coś głębszego, bardziej tajemniczego spaja tkaninę wszechświata. Dopiero teraz osiągnęliśmy punkt w rozwoju fizyki, w którym możemy zacząć spekulować, co to może być.

To sugeruje, że jesteśmy na skraju odkrywania fundamentalnej natury rzeczywistości, potencjalnie odsłaniając głębszą warstwę, która łączy wszystko we wszechświecie.

Rozdział 4: Natura Przestrzeni

Nieuchwytna Przestrzeń

Przestrzeń to coś, co uważamy za oczywistość. Żyjemy w niej, poruszamy się po niej, ale czy możemy ją faktycznie zobaczyć lub dotknąć? W rzeczywistości przestrzeń jako zjawisko fizyczne nie jest obserwowalnym obiektem. Możemy wskazywać na obiekty znajdujące się w przestrzeni, na ich interakcje, ale nie na samą przestrzeń.

Machając ręką w powietrzu, moglibyśmy powiedzieć, że ta pustka to przestrzeń. Ale to tylko iluzja. Przestrzeń to nie pustka; ma swoje własne właściwości i wpływa na materię.

Przestrzeń jest fundamentalnym pojęciem w fizyce. Cała fizyka bada, jak obiekty poruszają się w przestrzeni, a przestrzeń definiuje praktycznie wszystkie wielkości, którymi zajmuje się fizyka: odległość, rozmiar, kształt, położenie, prędkość, kierunek.

Jednak niektóre prace naukowe z dziedziny fizyki najnowszej generacji sugerują, że to, co nazywamy przestrzenią, jest w rzeczywistości czymś bardzo podejrzanym. Przestrzeń między twoimi oczami a książką kryje wielką tajemnicę.

Fizycy teoretyczni, tacy jak Max Tegmark, David Gross i Nathan Seiberg, wyrażają wątpliwości co do fundamentalności czasoprzestrzeni. Uważają, że są to tylko przybliżone koncepcje, które wkrótce zostaną zastąpione czymś bardziej wyrafinowanym.

Nathan Seiberg twierdzi nawet, że przestrzeń i czas to iluzje, prymitywne koncepcje, które wkrótce zostaną zastąpione czymś bardziej złożonym. Porównuje przestrzeń do płótna obrazu, które można usunąć, ale obiekty namalowane na płótnie pozostaną.

Ale jeśli czasoprzestrzeń nie jest fundamentalna, to o czym jest fizyka? Przecież cała fizyka bada, co dzieje się w przestrzeni i czasie. Jeśli nie ma czasoprzestrzeni, to o czym jest fizyka?

Jak Nasze Zmysły Nas Oszukują

Po przeczytaniu książki Donalda Hoffmana "The Case Against Reality: How Evolution Hid the Truth from Our Eyes" (Sprawa przeciwko rzeczywistości: Jak ewolucja ukryła prawdę przed naszymi oczami), odkryłem, że zawiera ona niewiarygodne i nieprawdopodobne rzeczy dla tradycyjnego postrzegania. Autor jest poważnym kognitywistą, który wykorzystuje modele matematyczne i wysuwa testowalne hipotezy. Na przykład, na kanale Lexa Fridmana podcast z Hoffmanem jest najpopularniejszy w historii kanału.

Pomysły Hoffmana są odważne dla tradycyjnego rozumienia, ale podoba mi się to, ponieważ zmuszają nas do ponownego rozważenia naszych ustalonych wyobrażeń o rzeczywistości. Otwierają nowe horyzonty badań i pozwalają nam głębiej zrozumieć, jak nasz mózg i zmysły oddziałują ze światem zewnętrznym. Hoffman proponuje postrzegać świat nie tylko jako obiektywną rzeczywistość, ale jako złożony system, w którym nasze postrzeganie jest tylko narzędziem stworzonym dla naszego przetrwania. To sprawia, że zastanawiamy się nad fundamentalnymi aspektami istnienia i jak możemy wykorzystać tę wiedzę dla rozwoju nauki i technologii.

Staje się to jeszcze bardziej ekscytujące po przeczytaniu książki "Nonlocality" George'a Mussera, gdzie podobne tematy są eksplorowane z innej perspektywy. Rekomendacje tak wybitnych naukowców jak Frank Wilczek i Mario Livio dodają wagi tym ideom i potwierdzają ich znaczenie we współczesnej dyskusji naukowej.

Modelowanie Komputerowe Ewolucji

Donald Hoffman w dużej mierze opiera się na metodach modelowania komputerowego, takich jak symulacja procesu ewolucji. Wyniki tych obliczeń mówią o tak sprzecznych z intuicją rzeczach, że trudno w nie uwierzyć.

Na przykład Hoffman twierdzi, że nasza świadomość nie jest produktem ewolucji, ale przeciwnie, świadomość jest fundamentalną właściwością rzeczywistości i to świadomość tworzy iluzję przestrzeni i czasu.

Wszystko to prowadzi nas do ciekawego wniosku: nasze postrzeganie rzeczywistości, w tym czasu i przestrzeni, niekoniecznie musi odzwierciedlać obiektywną prawdę. Zamiast tego, jest ono kształtowane przez ewolucję, która dąży do maksymalnej adaptacji organizmu do środowiska.

Tę ideę można wyrazić twierdzeniem "Fitness beats truth" (przystosowanie pokonuje prawdę). Nasz mózg nie dąży do absolutnie dokładnego odzwierciedlenia rzeczywistości, ale raczej tworzy uproszczony model, który pozwala nam skutecznie oddziaływać ze światem i przetrwać.

Na przykład, gdy otwieramy oczy, aktywują się miliardy neuronów i biliony synaps. Około jedna trzecia kory mózgowej, naszej najbardziej rozwiniętej mocy obliczeniowej, jest zaangażowana w proces widzenia.

To nie do końca to, czego można by oczekiwać, gdyby widzenie było po prostu czymś w rodzaju kręcenia filmu. Przecież kamery pojawiły się na długo przed erą komputerów. Co więc oblicza mózg, gdy patrzymy?

Zacznijmy od stworzenia, które w pewnym sensie rozumie widzialną przestrzeń znacznie lepiej niż my. Dla niego ludzie to tylko kropki poruszające się po płaszczyźnie. To mewa śledziowa.

Jak myślisz, jak mewy postrzegają otaczający je świat? Można założyć, że skoro mewy latają, wzrok jest dla nich najważniejszym narzędziem percepcji. A człowiek otrzymuje prawie 90% informacji o otaczającym go świecie poprzez wzrok. Więc my i mewy postrzegamy rzeczywistość mniej więcej tak samo, prawda?

Brzmi to logicznie, ale poprawna odpowiedź brzmi: nie mamy pojęcia, jak wygląda świat tego ptaka.

Badania Nikolaasa Tinbergena

Wyobraź sobie obiekt, który można opisać jako długi czerwony pręt z trzema białymi pierścieniami (Rysunek 3). Ale gdybyś był nowo wyklutym pisklęciem mewy śledziowej, zobaczyłbyś zamiast tego swoją matkę.

Rysunek 3. Pręt z trzema białymi pierścieniami.

Badania Nikolaasa Tinbergena i ich implikacje

W latach 50. biolog i laureat Nagrody Nobla, Nikolaas Tinbergen, przeprowadził badania, które są szczegółowo opisane w jego książce "The Herring Gull's World" (Świat mewy śledziowej). Tinbergen próbował zrozumieć, w jaki sposób nowo wyklute pisklęta zawsze bezbłędnie rozpoznają swoją matkę i nie mylą jej z innymi obiektami. Rozpoznanie matki jest ważne dla pisklęcia, ponieważ aby zdobyć pożywienie, musi dziobać jej dziób, po czym ona przekaże mu częściowo strawiony pokarm przez otwarty dziób.

Tinbergen, przeprowadzając eksperymenty z atrapami mew, odkrył, że pisklęta nie odróżniały prawdziwej matki mewy od atrapy głowy na patyku. Nie zauważały nawet różnicy, jeśli atrapa była płaska lub składała się tylko z dzioba.

W świecie głodnego pisklęcia nie ma objętości ani żadnych szczegółów, tylko warunkowy kształt i kolor. Kolor jest najprawdopodobniej dlatego, że matka mewa ma czerwoną plamę na dziobie. Tak więc, tylko bardzo warunkowo kształt i kolor.

Można by założyć, że pisklęta są po prostu jeszcze prawie ślepe, ponieważ dopiero się wykluły. Tinbergen również tak początkowo myślał, ale testy wykazały, że wzrok piskląt był w idealnym porządku.

Ostatecznie Tinbergen, kierując się zgromadzonym doświadczeniem i zrozumieniem, wykonał długi czerwony pręt z trzema białymi pierścieniami i odkrył, że pisklęta żebrały o jedzenie od tego modelu, który był bardzo daleki od oryginału, nawet bardziej uporczywie niż od swojej prawdziwej matki.

Różne Obiekty, To Samo Doświadczenie

Mamy więc szereg zupełnie różnych obiektów fizycznych, które jednak wywołują absolutnie takie samo wewnętrzne doświadczenie u żywej istoty. Co to w ogóle jest?

Donald Hoffman twierdzi, że w takich rzeczach nie ma właściwie nic dziwnego, ponieważ ewolucja, bez względu na to, co myślisz, nie promuje prawdziwego postrzegania świata.

Hoffman i jego współpracownicy przeprowadzili setki tysięcy symulowanych gier ewolucyjnych. W tych symulacjach matematycznych generowano różne środowiska, a trzy typy organizmów konkurowały o zasoby w każdym środowisku:

- Organizmy, które widziały rzeczywistość taką, jaka jest.
- Organizmy, które widziały tylko część rzeczywistości.
- Organizmy, które nie widziały żadnej rzeczywistości i miały tylko podstawowy mechanizm adaptacji.

Komputer obliczał ewolucję i interakcję tych trzech typów organizmów w każdym środowisku. I jak myślisz, kto ostatecznie wygrał konkurencję o zasoby?

Według Hoffmana, ewolucja poprzez dobór naturalny metodycznie eliminuje każde wiarygodne postrzeganie rzeczywistości, ponieważ wiarygodne postrzeganie jest nieefektywne.

Wyobraź sobie, że wśród piskląt mewy nagle pojawia się jedno, które widzi obiektywną rzeczywistość. Można by pomyśleć, że znacznie zwiększyłoby to jego szanse na przeżycie. Ale w rzeczywistości, podczas gdy ono zastanawia się, czy to jego matka, całe jedzenie zostanie zjedzone przez inne pisklęta, które reagują natychmiast, gdy tylko zobaczą wydłużony kształt z czerwonym elementem.

Organizm, który widzi obiektywną rzeczywistość, jest zawsze mniej przystosowany niż organizm o tej samej złożoności, który widzi tylko to, co jest mu potrzebne do przetrwania. Widzenie obiektywnej rzeczywistości prowadzi do wyginięcia.

Uproszczanie Rzeczywistości dla Przetrwania

Ewolucja ukrywa niepotrzebną złożoność otaczającego nas świata, kierując działania w czysto praktycznym kierunku. Widzenie matki mewy w czerwonym pręcie z trzema białymi paskami jest korzystne z punktu widzenia adaptacji.

Oczywiście świat mewy, zwłaszcza dorosłej, nie ogranicza się do jej matki. Ale według Hoffmana każda interakcja mewy ze światem zewnętrznym jest budowana poprzez podobne upraszczające mechanizmy.

Teraz spójrz na dowolny obiekt w swoim otoczeniu. Mechanizm percepcji ukształtowany w toku ewolucji mówi nam, że piłka jest sześcianem. Ale możemy podejść i dotknąć jej, aby się upewnić.

Ludzie, podobnie jak nowo wyklute pisklęta, nie mogą zrozumieć, że biały kolor ekranu nie jest tak naprawdę biały. Ekran ma tylko niebieskie, czerwone i zielone diody LED, a gdy są one mieszane, pojawia się światło, które postrzegamy jako białe, ale w rzeczywistości takie nie jest. W naturze prawdziwe białe światło to światło słoneczne, które jako byt fizyczny jest bardzo różne od tego, co widzisz teraz.

Ale dla naszej percepcji różnica jest zerowa, ponieważ ta wada w żaden sposób nie przeszkodziła naszym przodkom w rozmnażaniu się.

Twierdzenie "Fitness Beats Truth"

Ważne jest, aby zrozumieć, że każde wrażenie każdego żywego stworzenia ewoluowało nie po to, aby odzwierciedlać obiektywną rzeczywistość, ale tylko po to, aby reagować jak najszybciej i najskuteczniej na bodźce niezbędne do przetrwania, przy jednoczesnym wydatkowaniu minimalnej ilości energii. Dotyczy to nie tylko wzroku, ale każdego narządu zmysłów.

Hoffman nazywa to twierdzeniem "Fitness Beats Truth" (Przystosowanie pokonuje prawdę), ponieważ używa dowodu matematycznego. Oczywiście bardzo trudno jest badać ograniczenia ludzkiej percepcji będąc człowiekiem. Ale w każdym razie, dlaczego my, z naszymi złożonymi zmysłami, mielibyśmy wierzyć, że postrzegamy rzeczywistość bliską temu, czym ona naprawdę jest?

Im bardziej złożone stają się zmysły, tym mniejsza szansa, że ujawnią one jakąkolwiek prawdę o obiektywnej rzeczywistości. Rozważmy na przykład oko z dziesięcioma fotoreceptorami, z których każdy ma dwa stany. Teoria fitnessu stwierdza, że prawdopodobieństwo, że takie oko widzi rzeczywistość, wynosi co najwyżej dwa na tysiąc. Dla dwudziestu fotoreceptorów prawdopodobieństwo wynosi dwa na milion. Dla czterdziestu fotoreceptorów to jeden na dziesięć miliardów. Ludzkie oko ma 130 milionów fotoreceptorów, a prawdopodobieństwo, że widzi obiektywną rzeczywistość, jest praktycznie zerowe.

Krytyka czystego rozumu Immanuela Kanta

Pomysły Donalda Hoffmana, pomimo ich matematycznego uzasadnienia, mogą wydawać się wątpliwe. Nie jest to jednak nowa koncepcja. Ponad 200 lat temu, w jednym z najbardziej fundamentalnych dzieł w historii filozofii zatytułowanym "Krytyka czystego rozumu", niemiecki filozof Immanuel Kant wyraził podobne myśli.

Kant argumentował, że obiekty i zjawiska, które obserwujemy, wcale nie są tym, co istnieje w rzeczywistości. Dla jasności wyobraź sobie fotografię: nasze postrzeganie to tkanina, która otula coś. To "coś" istnieje w rzeczywistości, a Kant nazywa to "rzeczą samą w sobie". Nie mamy bezpośredniego dostępu do tej "rzeczy samej w sobie", nie możemy oderwać tej tkaniny, ponieważ sami jesteśmy tą tkaniną.

Idąc za tą analogią, nie obserwujemy biernie obiektów, my je "czujemy" w naszej świadomości. Jednak to doświadczenie nie może nam powiedzieć nic o rzeczywistych właściwościach tych obiektów, ponieważ pod tkaniną może być wszystko: sześcian, pudełko, a nawet jednostka centralna komputera.

Według Kanta, kiedy patrzysz na obiekt i widzisz jabłko, nie oznacza to, że jabłko istnieje w prawdziwym świecie. Jest "coś", co powoduje, że doświadczasz jabłka, ale nie możesz wiedzieć, czym jest to "coś". To "coś", co powoduje, że doświadczamy jabłka, jest generalnie poza przestrzenią i czasem, ponieważ z punktu widzenia Kanta przestrzeń i czas nie są cechami świata zewnętrznego, ale sposobami organizowania naszego doświadczenia.

Mówiąc prościej, przestrzeń i czas dla nas nie są czymś, czego najpierw doświadczyliśmy, a potem wyabstrahowaliśmy jako ideę. Nie, to jest to, co mamy przed jakimkolwiek doświadczeniem, jak na przykład strach przed ciemnością. Doświadczamy strachu przed gniazdkami i abstrahujemy go, ale instynktownie boimy się ciemności.

W analogii Kanta przestrzeń i czas są właściwościami naszej tkaniny percepcji. Możesz zapytać, dlaczego potrzebujemy idei tego starożytnego filozofa?

Nagroda Nobla za cios w realizm

Kto by pomyślał, że pewnego dnia można będzie znaleźć znaczącą podstawę naukową dla poparcia tych idei? Całkiem niedawno, w 2022 roku, Nagroda Nobla w dziedzinie fizyki została przyznana trzem naukowcom, w szczególności za eksperymenty, które zdają się obalać podstawy realizmu.

Realizm w fizyce to założenie, że natura, jaką znamy, istnieje niezależnie od procesu pomiaru. W eksperymencie ze splątanymi cząstkami, które wydają się być całkowicie niezależne, ale podczas pomiaru stanu jednej cząstki, stan drugiej zawsze staje się przeciwny, i dzieje się to z nieskończoną prędkością. Ważne jest, że możesz wybrać, pod jakim kątem przeprowadzić pomiar, a tym samym bezpośrednio wpływasz na wynik. Oznacza to, że ustalasz ramy, w których cząstka może działać, a ona się dostosowuje.

Sztuczka polega na tym, że druga cząstka, nawet jeśli znajduje się po drugiej stronie wszechświata, natychmiast dowiaduje się, pod jakim kątem została zmierzona jej towarzyszka i natychmiast przyjmuje wartość przeciwną, tak jakby nie było między nimi żadnej odległości.

Wielu naukowców uważało, że nie ma natychmiastowego połączenia, mówiąc, że cząstki były uproszczonymi wersjami z zestawu: jeśli wziąłeś jedną i zobaczyłeś, że jest prawa, to druga na pewno będzie lewa. Ale ta sama Nagroda Nobla została przyznana, w szczególności za eksperymentalne potwierdzenie naruszenia nierówności Bella. Przekładając to na zrozumiały język, oznacza to, że gdyby cząstki były rękawiczkami, to żadna z nich nie byłaby ani prawa, ani lewa, dopóki nie zostałyby zmierzone.

Podsumowując, po pierwsze, cząstki nie mają właściwości, dopóki nie zostaną zmierzone, a po drugie, gdy jedna cząstka jest mierzona, druga dowiaduje się o tym natychmiast. A fizycy zauważają, że ten pomysł jest bliższy magii niż cokolwiek, co widzieli wcześniej.

George Musser w swojej książce "Nonlocality" wyjaśnia, że splątanie kwantowe, które oznacza nielokalność świata, tak zaniepokoiło Einsteina, że nazwał je "upiornym działaniem na odległość". Mówiliśmy o tym w poprzednich sekcjach, ale przeanalizujmy to zjawisko bardziej szczegółowo.

Nielokalność

W życiu codziennym wiemy, że aby poruszyć obiekt, trzeba go dotknąć. Obiekt jest pod wpływem tylko swojego bezpośredniego otoczenia. Albo, aby działanie w jednym punkcie wpłynęło na inny punkt, coś w przestrzeni między tymi punktami musi pośredniczyć w tym działaniu.

Na przykład sterowanie zabawkowym helikopterem z pilota nie odbywa się za pomocą magicznego wpływu, ale za pomocą fal radiowych. Jest to tak zwana zasada lokalności. Oznacza to, że każdy obiekt we wszechświecie ma swoje własne miejsce, a obiekty te są oddzielone od siebie oceanami przestrzeni.

Jeśli się nad tym zastanowić, wydaje się, że to jedyny sposób, w jaki powinno być. Dlatego w czasach Newtona wielu bardzo martwiło się jego prawem grawitacji. To prawo mówiło, że jabłka spadają, a planety pozostają w pobliżu Słońca, ponieważ wszystko we wszechświecie przyciąga wszystko inne. Ludzi nie martwiło to, ale dlatego, że według pomysłu Newtona ta siła działa na odległość natychmiastowo. Podnieś palec na Ziemi, a wszystkie odległe planety we wszechświecie natychmiast zadrżą. Trochę, ale to nie czyni go łatwiejszym. Siła grawitacji przeskakuje z ziemi na jabłko i z palca na planety, ignorując pustą przestrzeń między nimi. Im dłużej się nad tym zastanawiasz, tym bardziej przerażające się to wydaje.

Einstein uspokoił wszystkich, demonstrując swoimi teoriami względności, że wpływ grawitacyjny jest ograniczony przez prędkość światła. Czy pamiętasz swoją reakcję, gdy po raz pierwszy dowiedziałeś się, że nic nie może poruszać się szybciej niż światło? Pamiętam, że myślałem, że to dziwne i jakoś wyjęte z powietrza.

Wiele osób denerwuje się, że w świecie, w którym żyjemy, istnieje jakieś niezrozumiałe ograniczenie prędkości. I to oczywiście jest smutne, że ograniczenie prędkości ruchu pozbawia nas możliwości dalekich podróży kosmicznych. Ale coś innego jest ważne: nie chciałbyś żyć w świecie bez tego ograniczenia.

Gdyby nie było ograniczenia prędkości, to występowałyby różne odpychające sytuacje. Na przykład francuski matematyk Paul Painlevé opisał przypadek, w którym gwiazda mogłaby wylecieć z czarnej dziury z nieskończoną prędkością. Oznacza to, że taka przyspieszona gwiazda z dowolnego nieskończenie odległego punktu we wszechświecie mogłaby natychmiast zniszczyć nasz układ słoneczny, a my nawet nie mielibyśmy czasu, aby to zrozumieć lub zauważyć, a nawet w jakiś sposób obliczyć taką sytuację.

W rzeczywistości jest jeszcze gorzej. Według teorii względności, gdy przekroczona zostanie prędkość światła, mogą zostać naruszone związki przyczynowo-skutkowe. Tak więc, znane prawa fizyki mówią, że gwiazda zabójca mogłaby przylecieć do nas z przyszłości w ogóle. Nieskończona prędkość nie jest rzeczą intuicyjną i często стирает pojęcie przestrzeni. Jak tylko wypowiesz słowa "nieskończona prędkość", staje się jasne, że coś jest tutaj nie tak. Nieskończenie szybki ruch raczej nie ma prawa nazywać się ruchem. Obiekt, który "porusza się", jest już w miejscu przeznaczenia. Jak więc można powiedzieć, że się tam porusza?

Wyobraź sobie sytuację, w której piłka z innej galaktyki może uderzyć piłkę na twoim podwórku i wrócić, spędzając na tym wszystkim zero jednostek czasu. Ta sytuacja byłaby całkowicie nieintuicyjna. Albo sytuacja, w której jedna piłka po prostu magicznie wpływa na drugą, albo sytuacja, w której w rzeczywistości nie ma przestrzeni między dwiema piłkami. Czy rozumiesz, dlaczego splątane cząstki są co najmniej niepokojącym dzwonkiem? Jeśli nie rozumiesz, to dla fizyków, na przykład, tak ważne jest zachowanie koncepcji przestrzeni i braku takiej magii w naszym świecie, że są gotowi przyznać istnienie każdej innej magii, tylko po to, aby wyjaśnić to działanie na odległość.

Hipoteza superdeterminizmu, którą również rozważaliśmy w poprzednich rozdziałach, polega na tym, że to, jak dokładnie każdy eksperymentator w każdym laboratorium świata będzie przeprowadzał pomiary, zostało zaplanowane z góry. Oznacza to, że w momencie stworzenia Wszechświata wszystkie warunki początkowe zostały ułożone w jego podstawowej strukturze, w tym szczegółowy harmonogram każdego pomiaru, każdego detektora, każdego eksperymentatora. Cały wszechświat został zaprogramowany tak, aby dawać odpowiednie wyniki i stwarzać iluzję natychmiastowego połączenia między splątanymi cząstkami. Takie wyjaśnienie jest oczywiście niezwykle niewygodne i wymaga uznania, że wszyscy działamy według wcześniej napisanego scenariusza, jak aktorzy w грандиозной kosmicznej sztuce.

Superdeterminizm

Superdeterminizm to koncepcja, że wszystko we wszechświecie, w tym każdy eksperyment i każdy pomiar, zostało z góry określone w momencie Wielkiego Wybuchu. Eksperymentatorowi wydaje się, że może swobodnie mierzyć fotony pod dowolnym kątem i w dowolnym momencie. Ale w rzeczywistości wszystkie jego działania są ściśle zaprogramowane tak, aby rejestrować cząstki w taki sposób, że wyglądają one spójnie, chociaż nie ma rzeczywistej spójności.

Oznacza to, że na przykład, aby eksperymentator nie przeprowadził eksperymentu niepożądanego dla Wszechświata, może zacząć go swędzieć nos lub jego żona może do niego zadzwonić itp. Możesz zapytać, co to za paranoiczne złudzenie? Jednak tę hipotezę popiera na przykład laureat Nagrody Nobla w dziedzinie fizyki i jeden z twórców Modelu Standardowego, Gerard 't Hooft. Uważa on, że lokalność jest tak istotna, że fizycy powinni rozważyć nawet brzmiące szalenie pomysły, aby ją zachować. I że bez lokalności podstawowe prawa fizyki byłyby bardzo trudne, a nawet niemożliwe do sformułowania.

't Hooft argumentuje, że jakieś nowe prawo fizyki mogłoby pogodzić właściwości cząstek ze sposobami, w jakie ludzie decydują się je mierzyć. To, co dziś wydaje się spiskiem, może być wynikiem prawa zachowania, o którym jeszcze nie wiemy.

Cząstki jako Kryształowe Kule

Jednym z równie szalonych sposobów na zachowanie lokalności jest założenie, że cząstki są w stanie widzieć przyszłość i że cząstki mogą być pod wpływem zdarzeń, które z naszego punktu widzenia mają się wydarzyć w przyszłości. Zgodnie z tą hipotezą, przyszłość musi być w stanie wpływać na teraźniejszość w taki sam sposób, jak przeszłość. Cząstki mogą się rodzić już mając pamięć o tym, co się wydarzy. W szczególności mogą pamiętać ustawienia polaryzatorów, które napotkają później i być gotowe do odpowiedniej reakcji.

Ten pomysł był już traktowany poważnie, na przykład przez fizyków Richarda Feynmana i Johna Wheelera, którzy wyraźnie nie potrzebują żadnego wprowadzenia. Oznacza to, że tak, z punktu widzenia naukowców, te opcje są znacznie lepsze niż zniszczenie przestrzeni. A gdyby problem tkwił tylko w splątanych cząstkach...

Paradoks Bańki

Włącz żarówkę. Atomy w żarniku zaczynają emitować fotony. Jak wyobrażasz sobie ten proces? Wyobraź sobie pierwszy foton, który wyleciał z lampy. Z punktu widzenia laika, mechanika mówi, że kierunek lotu fotonu nie jest określony przez żadne znane prawo fizyki. Foton z twojej lampy, jakby leciał we wszystkich kierunkach jednocześnie, tworząc bańkę, która rośnie w przestrzeni. I tylko wtedy, gdy bańka dotrze do jakiegoś obiektu, pęka z pewnym prawdopodobieństwem, koncentrując całą energię bańki w jednym konkretnym miejscu.

Fizycy nazywają to kolapsem funkcji falowej. Widzisz światło z lampy, ponieważ wiele takich baniek pęka na siatkówce twoich oczu. Dotyczy to nie tylko światła z twojej lampy, ale także z dowolnego innego źródła światła, takiego jak odległe gwiazdy lub galaktyki.

Jeśli jeszcze nie widzisz problemu, to jednym z najodleglejszych obiektów, które można zobaczyć gołym okiem, jest galaktyka Andromedy, która znajduje się około 2,5 miliona lat świetlnych od nas. Teraz pomyśl o tym, co się dzieje, gdy patrzysz na tę galaktykę. Bańki, które zaczęły się rozprzestrzeniać 2,5 miliona lat temu (ludzie wtedy nawet nie chodzili na dwóch nogach), osiągnęły średnicę 5 milionów lat świetlnych, zapadają się na siatkówce twojego oka i robią to natychmiast. Części bańki, oddzielone od siebie o 5 milionów lat świetlnych, natychmiast dowiadują się, że muszą przestać się dalej rozprzestrzeniać, tak jakby przestrzeń nie miała dla nich żadnego znaczenia.

To jest tak zwany paradoks bańki. Ponownie, ktoś powie, że te fotony to drobiazg, a mechanika kwantowa dotyczy mikrokosmosu. Ale fotony są najpowszechniejszymi cząstkami we wszechświecie opisanymi przez Model Standardowy i, o ile ludzie mogą dziś sądzić, mechanika kwantowa nie jest teorią mikrokosmosu, jest teorią świata, kropka.

Wszystko składa się z najmniejszych cząstek. Abyś mógł choć trochę ocenić skalę problemu, Einstein, próbując oderwać się od myślenia o takim zachowaniu światła, wiesz, co zrobił? Stworzył ogólną teorię względności.

Nielokalność Wszędzie

Fizycy odkrywają coraz więcej podejrzanie tajemniczych zjawisk nielokalnych. Wszystkie one mogą wydawać się zupełnie niezwiązane i odległe od siebie, ale naukowcy twierdzą, że o to właśnie chodzi: są one połączone na głębszym poziomie. Mogą wydawać się niegodne uwagi i bardzo dalekie od naszego codziennego doświadczenia, ale nie zapominajmy, że kilka kropel wody może sugerować istnienie oceanu, a patrząc na spadające jabłko można dojść do wniosku o możliwości istnienia czarnych dziur. Więc bądź pewien: wszystkie przykłady nielokalności, jak kawałki układanki, bardzo organicznie wpasują się w szaleństwo, o którym porozmawiamy nieco później.

Na przykład, patrząc na nocne niebo, wydaje nam się, że nie ma w nim nic niezwykłego. Ale tylko tak się wydaje, dopóki nie dowiesz się, że materia we wczesnym Wszechświecie mogła być rozłożona w tak różny sposób, że jej nabycie tej samej gęstości i tej samej temperatury we wszystkich punktach było nie tylko mało prawdopodobne, ale prawie niemożliwe. Dowolne dwie galaktyki lub dwie duże gromady gazu na przeciwległych końcach naszego nieba, na samym skraju obserwowalnej części Wszechświata, są tak daleko od siebie, że światło z Wielkiego Wybuchu jeszcze nie zdążyło przebyć drogi z jednej galaktyki do drugiej. Oznacza to, że rozumiesz, one nawet się nie widzą, nie mogły w żaden sposób wymieniać energii ani materii, a jednak są bardzo podobne.

Amerykański fizyk Charles Misner powiedział: "Niezwykle trudno jest wyjaśnić, dlaczego niebo nie jest usiane plamami". Obserwacje wykazały spójność obiektów, które nigdy nie miały fizycznej możliwości interakcji ze sobą. A w 1972 roku rosyjski teoretyk Yakov Zeldovich ośmielił się zasugerować, że pewien rodzaj kwantowej nielokalności mógłby wyjaśnić jednorodność kosmosu. Ośmielił się, ponieważ, przypominam, powiedzieć, że lokalność jest tutaj naruszona, to powiedzieć, że przestrzeń nie spełnia swoich funkcji. A jeśli nielokalność w przyrodzie naprawdę istnieje, to zniszczy każdą naukę, ponieważ podstawą metody naukowej jest identyfikacja przyczyn i przewidywanie konsekwencji.

Ale jak ustalisz związki przyczynowo-skutkowe, jeśli obiekty mogą wpływać na siebie magicznie natychmiast i na dowolną odległość? Jeśli coś podważa lokalność, to podważa również przestrzeń, a zatem podważa teorie oparte na przestrzeni. A to, na sekundę, jest każda teoria, którą mamy.

Einstein rozumiał, że zasada lokalności, a wraz z nią nasze rozumienie przestrzeni, może być błędne. Kilka miesięcy przed śmiercią Einstein zastanawiał się, co zniknięcie przestrzeni mogłoby oznaczać dla naszego rozumienia świata. "Wtedy nic nie pozostanie z mojego zamku na lodzie, w tym teoria grawitacji, jak również cała współczesna fizyka" - powiedział Albert Einstein. Nawet Niels Bohr, który nie zgadzał się z Einsteinem w wielu innych kwestiach, nazwał działanie dalekiego zasięgu irracjonalnym i całkowicie niezrozumiałym.

Tymczasem fizycy badający czarne dziury uważają, że materia w tych kosmicznych odkurzaczach może przeskakiwać z jednego miejsca do drugiego bez pokonywania odległości między nimi. Ale, jak pisze Mayer, główna tajemnica nie tkwi tam, ale w jądrze czarnych dziur - w osobliwości. Jak myślisz, gdzie jest osobliwość w czarnej dziurze? Ogólna teoria względności mówi, że materia w środku osiąga nieskończoną gęstość, a czasoprzestrzeń jest rozrywana jak przeciążona torba.

A pytanie "Gdzie jest osobliwość?" implikuje obecność przestrzeni. Jak możemy zapytać "gdzie", skoro przestrzeń, względem której powinno być określone położenie osobliwości, już nie istnieje? Dosłownie nie możemy już powiedzieć "tam" lub "tutaj" lub "15 metrów w prawo". To paradoks, więc odpowiedź również brzmi paradoksalnie: w czarnej dziurze osobliwość nie istnieje nigdzie, a jednocześnie istnieje wszędzie.

Nie jest to łatwe do skomentowania. Jak widzimy, anomalie przestrzenne wyłażą zewsząd: w eksperymentach w dziedzinie kwantowej, w paradoksach czarnych dziur, w wielkoskalowej strukturze Wszechświata. We wszystkich tych przykładach fizyka wkracza w strefę mroku. Odległość może stracić swoje znaczenie. Wszechświat staje się nierozpoznawalny, pojawiając się w różnych kontekstach. Mają one uderzające podobieństwo, co sugeruje, że fizycy dotykają różnych części tego samego słonia.

Zasada Holograficzna

„Wierzymy, że istnieje trójwymiarowy świat, który istnieje nawet wtedy, gdy nikt go nie obserwuje i że zawiera on prawdziwe obiekty, takie jak jabłka i wodospady" - Donald Hoffman

Czarne dziury to przerażające obiekty, których lepiej by nie było. Jeśli tak nie uważasz, to po prostu nigdy poważnie ich sobie nie wyobrażałeś. Wydawałoby się, że powiedziano o nich tak wiele dziwnych rzeczy, właśnie mówiliśmy o niezrozumiałej lokalizacji osobliwości w środku. Cóż, co jeszcze można dodać? Ale nie, one nadal zadziwiają. Ogólnie rzecz biorąc, Yakov Bekenstein i Stephen Hawking obliczyli, że czarne dziury zwiększają swój rozmiar w niezwykle podejrzany sposób, nietypowy dla trójwymiarowego świata.

Wyobraź sobie, że masz pudełko, do którego zmieści się jeden przedmiot. Jeśli weźmiesz inne pudełko, którego długość krawędzi będzie dwa razy większa, to pole jego powierzchni będzie cztery razy większe, a objętość zwiększy się osiem razy. Oznacza to, że jeśli do pierwszego pudełka można wcisnąć jeden obiekt, to do drugiego zmieści się osiem takich samych obiektów. Jest to tak zwane prawo kwadratu-sześcianu, które Galileusz zademonstrował 400 lat temu. Tak działa geometria w trójwymiarowym świecie. Czy możesz sobie wyobrazić, że działa to w inny sposób?

Ale rzecz w tym, że to w ogóle nie dotyczy czarnych dziur. Cóż, to znaczy, spójrz, z naszego punktu widzenia, normalne byłoby, gdyby wszystko było jak z pudełkiem. Oznacza to, że gdyby podwojenie promienia czarnej dziury zwiększyło powierzchnię jej kuli czterokrotnie, a objętość i, odpowiednio, pojemność - ośmiokrotnie. Jednak tak się nie dzieje. Przejdźmy powoli: gdy czarna dziura podwaja swój promień, powierzchnia jej kuli zwiększa się, zgodnie z oczekiwaniami, czterokrotnie, ale jej objętość nie zwiększa się ośmiokrotnie, jak oczekiwano, ale również czterokrotnie. Oznacza to, że jest tak, jakby w przykładzie z drugim pudełkiem wizualnie otrzymaliśmy przestrzeń dla ośmiu obiektów, ale mogliśmy wcisnąć tylko cztery, pomimo całej pozornej objętości przestrzeni w środku.

„Coś uniemożliwiłoby ci umieszczenie tam piątego przedmiotu. Jest to możliwe tylko w jednym przypadku: w rzeczywistości zwiększenie szerokości i długości otworu zwiększa jego pojemność, ale dodatkowa wysokość nic nie daje, tak jakby ten pomiar był iluzoryczny".

- George Musser.

Oznacza to, że obiekt czarna dziura wygląda trójwymiarowo, ale zachowuje się jak dwuwymiarowy. Co to jest? Dwuwymiarowy obiekt w przestrzeni trójwymiarowej?

I tu jest haczyk. Czarne dziury nie są małymi, niezauważalnymi cząstkami. Mogą z łatwością pochłonąć cały układ słoneczny, ale są bardzo daleko od nas i dlatego można by pomyśleć, że ich dziwne zachowanie nie ma z nami nic wspólnego. Jednak ta historia ma bardzo daleko idące konsekwencje.

Hawking i Bekenstein szybko zdali sobie sprawę, że ta zasada dotyczy nie tylko czarnych dziur, ale także całej innej przestrzeni. Jeśli nie rozumiesz, jak to możliwe, to Donald Hoffman wyjaśnia to prostym przykładem: maksymalna ilość informacji, jaką może pomieścić sześć sfer, będzie większa niż maksymalna ilość informacji, jaką może pomieścić jedna duża sfera, w której te sześć mogłoby się zmieścić. Oznacza to, że objętość dosłownie nie odgrywa żadnej roli, ważna jest tylko powierzchnia.

Jednak w naszym zwykłym świecie, z dala od czarnych dziur, obiekty również wyglądają trójwymiarowo, ale zachowują się jak dwuwymiarowe. Chcę, żebyś bardzo dobrze zrozumiał, co to znaczy. Jeśli spróbujesz upchnąć dokładnie tyle rzeczy, ile wizualnie sugeruje określony obszar przestrzeni, to ten obszar przestrzeni zapadnie się w czarną dziurę, która już zajmie tyle miejsca, ile potrzebuje. Nazywa się to zasadą holograficzną. Fizycy Leonard Susskind i Gerard 't Hooft zajmowali się jej badaniem. Susskind mówi: "Oto wniosek, do którego doszliśmy z 't Hooftem: trójwymiarowy świat naszego zwykłego doświadczenia, wszechświat wypełniony galaktykami, gwiazdami, planetami, domami, kamieniami i ludźmi - to hologram, obraz rzeczywistości zakodowany na odległej dwuwymiarowej powierzchni". To nowe prawo fizyki, zwane zasadą holograficzną, stwierdza, że wszystko wewnątrz pewnego obszaru przestrzeni może być opisane za pomocą bitów informacji znajdujących się na jego granicy.

Zasada Holograficzna i Korespondencja AdS/CFT

Zasada holograficzna i korespondencja AdS/CFT to ważne koncepcje we współczesnej fizyce teoretycznej, które oferują głębokie i czasami sprzeczne z intuicją spojrzenie na naturę przestrzeni, czasu i rzeczywistości.

Zasada holograficzna, zaproponowana przez Leonarda Susskinda i Gerarda 't Hoofta, stwierdza, że wszystkie informacje zawarte w pewnej objętości przestrzeni mogą być opisane na jej powierzchni. Idea ta wynika z badań nad czarnymi dziurami. Jak wykazał Stephen Hawking, informacje o materii pochłoniętej przez czarną dziurę mogą być zakodowane na jej horyzoncie zdarzeń, co doprowadziło do założenia, że przestrzeń trójwymiarowa może być opisana na powierzchni dwuwymiarowej.

Ta zasada ma daleko idące implikacje dla naszego rozumienia wszechświata. Sugeruje ona, że nasz trójwymiarowy świat może być hologramem, czyli rzutem dwuwymiarowej informacji.

Korespondencja AdS/CFT (Anti-de Sitter/Conformal Field Theory), zaproponowana przez Juana Maldacenę, jest konkretną implementacją zasady holograficznej. Ustala ona związek między teorią grawitacji w $(d+1)$-wymiarowej przestrzeni anty-de Sittera (AdS) a konformalną teorią pola (CFT) w przestrzeni d-wymiarowej. Ta korespondencja sugeruje, że teorie w różnych wymiarach są równoważne i że procesy grawitacyjne w przestrzeni masowej AdS mogą być opisane bez grawitacji na jej granicy za pomocą teorii pola.

Mówiąc prościej, wyobraź sobie, że mamy dwie różne teorie: jedna to teoria grawitacji, która opisuje, jak obiekty przyciągają się wzajemnie w przestrzeni, a druga to konformalna teoria pola, która opisuje ruch cząstek i inne procesy fizyczne.

Juan Maldacena zaproponował pomysł, że te dwie różne teorie mogą być ze sobą powiązane. W szczególności zasugerował, że teoria grawitacji w pewnej przestrzeni zwanej "przestrzenią anty-de Sittera" może być powiązana z konformalną teorią pola w przestrzeni o mniejszej liczbie wymiarów.

Ta korespondencja, znana jako AdS/CFT, oznacza, że możliwe jest opisanie zjawisk grawitacyjnych w przestrzeni grawitacji bez użycia samej grawitacji. Zamiast tego, w przestrzeni o mniejszej liczbie wymiarów stosuje się konformalną teorię pola.

Przykład z Czarnymi Dziurami i Korespondencja AdS/CFT

Czarne dziury są kluczowymi obiektami w zrozumieniu zasady holograficznej. Załóżmy, że istnieje czarna dziura o promieniu R. Zgodnie ze zwykłą geometrią trójwymiarową, objętość tej czarnej dziury powinna rosnąć jak R^3, ale zasada holograficzna stwierdza, że informacje o tej czarnej dziurze powinny być zakodowane na jej powierzchni, której powierzchnia rośnie jak R^2. Oznacza to, że maksymalna ilość informacji, które mogą być przechowywane w czarnej dziurze, rośnie wraz z kwadratem promienia, a nie sześcianem, co odpowiada objętości trójwymiarowej.

Zatem koncepcja przestrzeni i czasu może nie być tym, do czego jesteśmy przyzwyczajeni, i może zależeć od bardziej fundamentalnych zasad fizycznych, które dopiero zaczynamy rozumieć.

Problem Molyneux

Problem Molyneux został po raz pierwszy sformułowany w 1688 roku przez angielskiego filozofa przyrody Williama Molyneux w liście do Johna Locke'a. Istota problemu jest następująca: czy osoba niewidoma od urodzenia, która otrzymała wzrok w wieku dorosłym, byłaby w stanie natychmiast odróżnić sześcian od kuli tylko za pomocą wzroku, bez użycia dotyku?

Locke i Molyneux doszli do wniosku, że taka osoba nie byłaby w stanie odróżnić sześcianu od kuli tylko za pomocą wzroku. Uważali, że doświadczenie i uczenie się są niezbędne do nawiązania połączenia między percepcją dotykową i wzrokową.

George Berkeley, w swojej pracy "An Essay Towards a New Theory of Vision" (1709), również poparł tę ideę, zauważając, że związek między światem dotyku a światem wzroku nie jest naturalny, ale jest ustanawiany tylko poprzez doświadczenie.

Obecnie problem ten można badać eksperymentalnie. Na przykład, w latach 2007-2010 indyjski naukowiec Palan Singh prowadził badania z udziałem pięciu pacjentów, którzy otrzymali wzrok po chirurgicznym leczeniu zaćmy. W ciągu 48 godzin od operacji poddawano ich specjalnie zaprojektowanemu testowi.

Wyniki pokazały, że pacjenci nie mogli od razu powiązać wiedzy dotykowej o kształcie z percepcją wzrokową. Ich wyniki nie były lepsze niż losowe zgadywanie. Dopiero z czasem, poprzez uczenie się i doświadczenie, zaczęli lepiej rozpoznawać obiekty, ale nadal nie w 100%.

Dane eksperymentalne potwierdzają pogląd, że połączenie między różnymi systemami sensorycznymi nie jest wrodzone, ale kształtuje się poprzez doświadczenie. Nasze zmysły, takie jak wzrok i dotyk, dostarczają różnych rodzajów informacji o otaczającym nas świecie i tylko poprzez integrację tych informacji z doświadczeniem możemy stworzyć holistyczne zrozumienie obiektów.

Problem Molyneux podważa nasze wyobrażenia o percepcji i wiedzy. Skąd wiemy, co wiemy? Dlaczego wierzymy, że to, co czujemy dotykiem, powinno odpowiadać temu, co widzimy? Te pytania mają głębokie implikacje filozoficzne i psychologiczne.

Teoria Interfejsu Percepcji

Donald Hoffman oferuje nową perspektywę na nasze rozumienie rzeczywistości poprzez tak zwaną "teorię interfejsu percepcji". Stwierdza ona, że nie wiemy, czym jest prawdziwy wszechświat, ale nasza percepcja jest rodzajem kodu dla sprawności, który pomaga nam przetrwać i funkcjonować w naszym środowisku.

Hoffman podaje analogię z używaniem komputera. Wyobraź sobie, że piszesz list na komputerze i zapisujesz go na pulpicie. Widzisz ikonę pliku - niebieski prostokąt znajdujący się na środku pulpitu. Ale to nie oznacza, że sam plik jest niebieskim prostokątem i znajduje się na środku twojego komputera. Kolor i kształt ikony nie są prawdziwymi cechami pliku, a jego położenie nie odpowiada rzeczywistemu położeniu pliku w pamięci komputera. Plik jest przechowywany jako zestaw bitów informacji, a położenie tych bitów nie ma nic wspólnego z ikoną na pulpicie.

Ikona nie próbuje przekazać prawdziwej natury pliku; przeciwnie, jej celem jest ukrycie tej natury i uchronienie użytkownika przed niepotrzebnymi szczegółami technicznymi. Gdybyś musiał manipulować bitami i obwodami elektrycznymi zamiast po prostu kliknąć na ikonę, poświęciłbyś znacznie więcej czasu i wysiłku na zadania.

Interfejsy komputerowe ewoluowały, aby ukryć złożoność wewnętrznego działania komputera, a nasze zmysły robią to samo. Wszystko, co widzimy i czujemy, to interfejs użytkownika Homo sapiens. Czasoprzestrzeń to nasz pulpit, a obiekty fizyczne, takie jak łyżki i gwiazdy, to ikony interfejsu.

Kiedy pytasz, czy Księżyc naprawdę istnieje i czy widzimy jego prawdziwy kolor, rozmiar, kształt i położenie, to tak, jakbyś pytał, czy ikona pędzla w edytorze graficznym Paint istnieje, zanim ją wybierzesz do rysowania, i czy ta ikona odzwierciedla prawdziwy kolor, rozmiar, kształt i położenie pędzla wewnątrz komputera. Teoria interfejsu percepcji mówi, że nasze postrzeganie obiektów nie zostało ukształtowane tak, aby odzwierciedlać obiektywną rzeczywistość, ale aby przekazywać jedyną rzecz, która ma znaczenie dla ewolucji - informacje o przystosowaniu.

Na przykład, duży straszny niedźwiedź to tylko ikona. Ale dlaczego nie bawić się z nim? Faktem jest, że ewolucja nie stworzyła ikony dla promieniowania jonizującego w naszym interfejsie, więc nie czujemy milionów cząstek, które uszkadzają nasze ciało każdego dnia. Dla ewolucji nie jest to ważne, ponieważ nie przeszkadza nam to w dorastaniu i posiadaniu dzieci. Ale jeśli zobaczysz znak ostrzegawczy przed promieniowaniem, traktujesz go poważnie, mimo że nie ma on nic wspólnego z samym promieniowaniem.

Podobnie, nie powinniśmy dotykać ikony węża w naszym interfejsie z tego samego powodu, dla którego unikalibyśmy torpedy na ekranie okrętu podwodnego.

Ewolucja ukształtowała nasze zmysły, aby ratować nasze życie, więc lepiej traktować ikony poważnie. Ale poważnie nie znaczy dosłownie. Jeśli widzę węża pełznącego w moim kierunku, powinienem traktować to poważnie, ale to nie znaczy, że jest coś brązowego, gładkiego i o ostrych zębach, gdy nikt nie patrzy.

Donald Hoffman postrzega również naszą percepcję przestrzeni i czasu jako kod dla wydatku energetycznego wymaganego do uzyskania zasobów. Na przykład, jeśli zdobycie jabłka wymaga jednej kalorii, to jest ono postrzegane jako znajdujące się w pewnej odległości. Niedawne eksperymenty potwierdzają tę ideę: osoby, które spożywają napoje z glukozą, szacują odległość jako mniejszą niż osoby, które piją napoje ze sztucznym słodzikiem. Osoby bardziej wytrenowane również szacują odległość jako mniejszą niż osoby mniej wytrenowane.

Krytycy, tacy jak Michael Shermer, przyznają, że teoria interfejsu percepcji zasługuje na poważne rozważenie, ale wyrażają wątpliwości co do jej ograniczeń. Hoffman odpowiada, że nauka i technologia pozwalają nam lepiej zarządzać naszym światem, ale to nie znaczy, że rozumiemy jego prawdziwą naturę. Tak jak gracze Minecrafta stają się coraz bardziej biegli w manipulowaniu jego światami, niekoniecznie rozumieją złożone algorytmy stojące za grą.

W rozważaniach Donalda Hoffmana na temat realizmu świadomego stwierdza się, że świadomość reprezentuje manifestację matematycznej natury rzeczywistości. Zgodnie z tą koncepcją, świadomość nie jest częścią przyrodniczo-naukowego obrazu świata, ponieważ świat, który badamy, jest naszym interfejsem percepcji.

Świadomość, według Hoffmana, nie mieści się w ramach nauk przyrodniczych, ponieważ nie można jej wyjaśnić w kategoriach procesów fizycznych. Na przykład próby sprowadzenia subiektywnego doświadczenia do aktywności neuronów w mózgu nie dają pełnej odpowiedzi na pytanie o naturę świadomości.

Teoria realizmu świadomego Hoffmana proponuje spojrzenie na świadomość jako na manifestację głębszego, bardziej fundamentalnego poziomu rzeczywistości, który można opisać matematycznie i który nie ogranicza się do zjawisk fizycznych.

Rozdział 5: Matematyczna Rzeczywistość

Kosmologia i Magia

Kiedy mówimy o prawdziwej nauce, w jej samym sercu znajduje się nierozwiązana tajemnica. W grudniu 1998 roku Max Tegmark, znany kosmolog, otrzymał e-mail, który wywołał u niego pewien niepokój. Był to list od znanego profesora krytykujący jego artykuły:

„Drogi Max, twoje szalone artykuły nie służą ci dobrze. Przesyłając je do prestiżowych czasopism i nie uzyskując ich publikacji, tylko się bawisz. Jako redaktor wiodącego czasopisma nigdy nie przepuściłbym twojego artykułu. Musisz zrozumieć, że jeśli nie oddzielisz tej działalności od swoich poważnych badań, możesz zagrozić swojej przyszłości."

Kiedy Tegmark przekazał ten list swojemu ojcu, ten odpowiedział cytatem z Dantego: „Idź swoją własną drogą i pozwól ludziom mówić, co chcą". Tegmark właśnie to zrobił i dziś jest jednym z najsłynniejszych popularyzatorów nauki, profesorem w Massachusetts Institute of Technology, autorem licznych książek i uczestnikiem wielu programów edukacyjnych.

A co takiego napisał, że tak rozgniewało autora listu? To proste: Tegmark otwarcie wyraził swoje poglądy na temat tego, czym jest nasz wszechświat.

Neuropsychologia i Magia Umysłu

W swoim międzynarodowym bestsellerze "Człowiek, który pomylił swoją żonę z kapeluszem" Oliver Sacks opisuje 24 historie osób z zaburzeniami psychicznymi. Spośród wszystkich tych interesujących historii wyróżnia się jedna, która dotyczy dwóch bliźniaków - Johna i Michaela.

W 1966 roku Oliver Sacks spotkał tych dwudziestoletnich bliźniaków, u których od dzieciństwa zdiagnozowano różne schorzenia, od psychozy i autyzmu po poważne upośledzenie umysłowe. Większość lekarzy uważała ich za uczonych idiotów, sawantów, których talent ograniczał się do niekończącej się pamięci i zdolności do natychmiastowego określenia, który dzień tygodnia przypada na dowolną datę.

Oto jeden z przykładów opisanych przez Sacksa. Pewnego razu pudełko zapałek spadło ze stołu, a jego zawartość rozsypała się na podłodze. Bliźniacy jednocześnie krzyknęli: „111!". A potem John wyszeptał: „37", a Michael powtórzył tę liczbę. John powtórzył to trzeci raz i przestał. Sacks próbował policzyć zapałki i stwierdził, że rzeczywiście było ich 111.

Sacks zapytał ich, jak byli w stanie tak szybko policzyć zapałki. W odpowiedzi usłyszał: „Nie liczyliśmy, po prostu widzieliśmy, że jest ich 111".

Pod wrażeniem kontynuował rozmowę: „A dlaczego wyszeptaliście 37 i powtórzyliście to trzy razy?"

Bliźniacy odpowiedzieli chórem: „37, 37, 37 - 111". Ich odpowiedź była tajemnicza i niezrozumiała, podobnie jak ich zdolność do natychmiastowego określenia liczby zapałek bez liczenia.

Sacks opisuje, jak pewnego dnia przyłapał bliźniaków na dziwnej grze: wymieniali się sześciocyfrowymi liczbami. Za każdym razem, gdy jeden podawał liczbę, drugi kiwał głową i radośnie odpowiadał inną sześciocyfrową liczbą. Sacks zapisał te liczby i sprawdził je w tabelach w domu. Odkrył, że wszystkie liczby, którymi wymieniali się bliźniacy, były liczbami pierwszymi.

Liczba pierwsza to liczba podzielna tylko przez jeden i samą siebie. Na przykład 7, 11, 13 to liczby pierwsze. Jeśli chodzi o małe liczby, łatwo jest określić, które z nich są pierwsze, a które nie. Ale kiedy liczba staje się sześciocyfrowa, to zadanie staje się trudniejsze. Jednak bliźniacy wymieniali się takimi liczbami, jakby to była powszechna rzecz.

Następnego dnia Sacks postanowił przeprowadzić eksperyment. Podszedł do bliźniaków i wymienił ośmiocyfrową liczbę pierwszą. Bliźniacy zamarli w głębokim skupieniu, a po pół minucie obaj uśmiechnęli się jednocześnie - sprawdzili i zdali sobie sprawę, że liczba jest pierwsza. Następnie zaczęli wymieniać się dwunasto-, a potem dwudziestocyfrowymi liczbami. Sacks nie mógł sprawdzić tych liczb, ponieważ jego tabele były przeznaczone dla maksymalnie dziesięciu cyfr. W latach 60. tylko najpotężniejsze komputery mogły wykonać taką kontrolę, a nawet dla nich było to trudne. Nie ma w ogóle bezpośredniego sposobu na obliczenie liczb pierwszych tego rzędu, ale bliźniacy to zrobili.

Sacks pisze: „Oni widzą wszechświat arytmetyczny bezpośrednio. Czy mamy prawo nazywać to patologią?"

Multiwersum Pierwszego Poziomu

Czy istnieją cywilizacje pozaziemskie? Odpowiedź jest bardzo prosta i jednoznaczna: tak. Jednakże, według obliczeń Maxa Tegmarka, aby dotrzeć do najbliższej takiej cywilizacji, trzeba będzie pokonać co najmniej miliard miliardów kilometrów. Chociaż z takim samym prawdopodobieństwem kosmici mogą być miliard miliardów razy dalej. To nie jest bardzo przydatne obliczenie, ale najważniejsze jest to, że oni na pewno tam są, i oto dlaczego.

W chwili publikacji tej książki najstarszą oficjalnie potwierdzoną osobą na planecie wśród żyjących jest Maria Branias Morera, która urodziła się 4 marca 1907 roku. Podczas jej nauki w szkole prawdopodobnie powiedziano jej, że cały kosmos składa się tylko z Układu Słonecznego i obłoku gwiazd wokół niego. Ale tylko w ramach jej życia wyobrażenia ludzkości o rozmiarze Wszechświata zmieniły się tak bardzo, że Wszechświat, jaki Maria znała w swoich latach szkolnych, okazał się tylko jednym z kilkuset miliardów innych wszechświatów, które możemy teraz obserwować i nazywać galaktykami.

W całej historii ludzkości takie poszerzenie horyzontów następowało wielokrotnie. Dziś wiemy, że przestrzeń jest co najmniej miliard bilionów razy większa niż największe odległości znane starożytnym myśliwym i zbieraczom. Co więcej, Max Tegmark twierdzi, że według najpopularniejszego obecnie modelu kosmologicznego, teorii inflacji, przestrzeń nie jest po prostu ogromna, jest nieskończona.

Według niego teoria wiecznej inflacji jest zgodna ze wszystkimi współczesnymi obserwacjami i stanowi podstawę większości obliczeń i modeli prezentowanych na konferencjach kosmologicznych.

A co z kosmitami? Opierając się na tym, że przestrzeń jest nieskończona i mniej więcej równomiernie wypełniona materią, można argumentować, że w przestrzeni istnieje nieskończona liczba form życia pozaziemskiego, nawet takich, których nie możemy sobie wyobrazić. W nieskończonej przestrzeni jest wszystko, co nie jest zabronione przez prawa fizyki. Co to jest, kosmiczny wąż? Oczywiście, że w kosmosie są węże. W kosmosie jest dosłownie wszystko. Nieskończony wszechświat to bardzo dziwne miejsce. Na przykład, jeśli prawa fizyki pozwalają na istnienie pewnej formy życia, która pożera całe planety, to takie potwory z pewnością gdzieś istnieją.

Oczywiście nie zobaczymy tego z powodu ograniczonej prędkości światła i rozszerzania się Wszechświata. Żyjemy w centrum bańki o średnicy 93 miliardów lat świetlnych, poza którą przestrzeń się ciągnie, ale nie możemy jej obserwować.

Spójrz na ten model wszechświata. Wygląda jak zabawka wszechświat, w którym są tylko cztery miejsca dla identycznych cząstek. Oznacza to, że w tym zabawkowym wszechświecie może być tylko 16 możliwych kombinacji materii. Teraz wyobraź sobie, że wokół tego zabawki wszechświata istnieją inne takie zabawki wszechświaty. Pytanie: jak często będą się powtarzać kombinacje zabawek wszechświatów? Odpowiedź: będziemy musieli sprawdzić średnio tylko 16 sąsiednich wszechświatów, aby natknąć się na powtórzenie.

Teraz przenieś ten przykład do naszego prawdziwego obserwowalnego wszechświata. Oczywiście jest w nim o wiele więcej możliwości konfiguracji materii, ale te możliwości są wciąż ograniczone. Tak więc Tegmark mówi, że według bardzo konserwatywnego oszacowania istnieje nie więcej niż 10^{118} sposobów, w jakie nasz obserwowalny wszechświat może być ułożony. Tak, to ogromna liczba: jeden, po którym następuje 10^{118} zer. Ta liczba jest tak duża, że gdybyś zamienił całą materię w obserwowalnym wszechświecie w atrament, nadal nie miałbyś wystarczająco dużo, aby ją całkowicie zapisać. I nawet pomimo tego, ta liczba jest po prostu nieistotna w porównaniu z nieskończonością. A to oznacza, że jeśli spojrzysz w niebo w dowolnym kierunku, to w odległości około $10^{10^{118}}$ średnic obserwowalnego wszechświata od ciebie w tym samym momencie, twoja absolutna kopia spojrzy na ciebie, który przeżył dokładnie to samo życie, myślał dokładnie te same myśli i zrobił wszystko absolutnie tak samo aż do ostatniej chwili. Co więcej, twój sobowtór jest na dokładnie tej samej planecie, w dokładnie takim samym układzie słonecznym, w dokładnie takiej samej galaktyce i dokładnie takim samym obserwowalnym wszechświecie.

Granica Między Fizyką a Metafizyką

"Traktujemy nasze teorie zbyt poważnie i nie traktujemy ich wystarczająco poważnie" - Steven Weinberg, fizyk teoretyczny, laureat Nagrody Nobla.

Dzisiaj rozważymy dziwne idee. Ktoś mógłby powiedzieć: "Po co myśleć o takich metafizycznych koncepcjach?". Ale Max Tegmark twierdzi, że granica między fizyką a metafizyką jest bardzo nieoczywista i stale się przesuwa. Na przykład, dziś wiemy, że Ziemia ma kształt kuli, ale kiedyś była to hipoteza metafizyczna. Albo pole magnetyczne Ziemi, którego nie widzimy - dlaczego to nie jest metafizyka? Albo spowolnienie czasu przy dużych prędkościach, albo cząstki, które są w dwóch miejscach jednocześnie. A krzywizna przestrzeni? A czarne dziury? To wszystko było kiedyś metafizyczną otchłanią, ale dziś są to ustalone fakty świata fizycznego.

Tak więc granica między fizyką a metafizyką jest określana nie przez dziwność teorii, jak można by sądzić, ale tylko przez fundamentalną możliwość ich eksperymentalnej weryfikacji.

I nawet nie wszyscy fizycy tak myślą. Coraz wyraźniej widać, że teorie oparte na współczesnej fizyce mogą być w rzeczywistości przewidywalne, empirycznie testowalne i falsyfikowalne.

Istnieją aż cztery poziomy równoległych wszechświatów i dla mnie osobiście najciekawsze pytanie nie brzmi, czy multiwersum istnieje, ponieważ istnienie jego pierwszego poziomu jest poza wszelką wątpliwością, ale ile poziomów jest w jego wnętrzu. - Max Tegmark

Ale chwila, przecież nie możemy ustawić eksperymentu i sprawdzić, że poza naszym obserwowalnym wszechświatem przestrzeń ciągnie się w nieskończoność? Tegmark mówi, że nie musimy tego sprawdzać, ponieważ równoległe wszechświaty utworzone przez nieskończoną przestrzeń, i wszystkie inne równoległe wszechświaty, o których będziemy dziś mówić, nie są teoriami, ale przewidywaniami niektórych teorii.

Pozwól, że wyjaśnię to na przykładzie. Teoria Einsteina daje dokładne przewidywanie, jak porusza się planeta Merkury. Czy fizycy mogą to sprawdzić? Mogą i sprawdzają, i stwierdzają, że przewidywania teorii są spełnione z dokładnością na granicy możliwości pomiarowych instrumentów. Dalej, teoria przewiduje również, że promienie świetlne zmieniają swoją trajektorię w pobliżu masywnych obiektów z powodu krzywizny przestrzeni. Arthur Eddington potwierdził to eksperymentalnie w 1919 roku. Co jeszcze? Grawitacyjne dylatacja czasu jest również faktem potwierdzonym eksperymentalnie. Ale ogólna teoria względności przewiduje również takie rzeczy, których prawdopodobnie nigdy nie będziemy w stanie przetestować eksperymentalnie. Na przykład, do pewnego stopnia opisuje ona właściwości przestrzeni wewnątrz czarnych dziur. Jak sprawdzisz, co jest w środku? Oczywiście, możesz wlecieć do czarnej dziury, ale nie będziesz w stanie przekazać obserwacji na zewnątrz do publikacji w czasopiśmie naukowym.

A jednak wszystkie przewidywania teorii dotyczące wewnętrznej struktury czarnych dziur są traktowane bardzo poważnie przez naukowców i nikt nie ośmiela się nazwać ich nienaukowymi, ponieważ inne przewidywania teorii działają z zadziwiającą dokładnością.

Tegmark pisze: ważną cechą teorii fizycznych jest to, że jeśli podoba ci się jedna z nich, musisz ją "kupić" w całości. Nie możesz powiedzieć: "Podoba mi się, jak ogólna teoria względności wyjaśnia orbitę Merkurego, ale nie lubię czarnych dziur, więc chcę się bez nich obejść". Nie możesz "kupić" ogólnej teorii względności bez czarnych dziur.

Ogólna teoria względności jest sztywną konstrukcją matematyczną, która nie pozwala na dostrajanie. I albo będziesz musiał zaakceptować wszystkie jej przewidywania, albo wymyślić od podstaw inną teorię matematyczną, która jest zgodna ze wszystkimi udanymi przewidywaniami ogólnej teorii względności i jednocześnie przewiduje, że czarne dziury nie istnieją. Okazuje się to niezwykle trudnym zadaniem i jak dotąd takie próby zakończyły się niczym.

I tutaj, zgodnie z tą samą zasadą, teoria inflacji ma swoje własne zweryfikowane przewidywania. Jest to bardzo udana teoria i dlatego należy poważnie traktować te jej przewidywania, które wydają się nieweryfikowalne, w szczególności nieskończoną przestrzeń i równoległe wszechświaty.

Nawet ci z moich kolegów, którzy nie lubią idei multiwersum, są teraz skłonni przyznać, że główne argumenty na jej korzyść mają sens. Ogólnie rzecz biorąc, krytyka zmieniła się z "To nie ma sensu i nienawidzę tego" na "Nienawidzę tego". - Max Tegmark

Dziwność w Odkryciu Ogólnej Teorii Względności

Fizyka ujawnia nam rzeczywistość znacznie bardziej złożoną, niż moglibyśmy sobie wyobrazić. Czy powinniśmy być tym zaskoczeni? Nie, ewolucja wyposażyła nas w intuicję tylko co do tych aspektów fizyki, które były ważne dla przetrwania naszych odległych przodków. Dlatego jesteśmy zszokowani, gdy ciekły hel zaczyna płynąć do góry w niskich temperaturach. Ale są też inne zjawiska, które choć zadziwiające, z jakiegoś powodu nikomu się takie nie wydają. Nawet nie zwracamy na nie uwagi, tak jak nie zwróciliśmy i tym razem.

Ogólna teoria względności jest sztywną konstrukcją matematyczną. Jej przewidywania działają z niewiarygodną dokładnością. Ale nikt nie jest w ogóle zaskoczony tym, jak została odkryta największa teoria w historii ludzkości. Czy Einstein przeglądał teleskop i odkrył swoją teorię? Nie. Może dokonywał jakichś pomiarów, aby ją odkryć? Też nie. Zamiast jakichkolwiek eksperymentów i obserwacji, siedział w domu przez dziewięć lat i rysował na papierze.

Te runy i pentagramy, które dla większości ludzi na planecie nie znaczą nic, nazywamy matematyką i robimy to z takim spojrzeniem, jakbyśmy rozumieli, o co w tym chodzi. Być może kogoś zaskoczę, ale najbardziej kompetentni ludzie w matematyce, matematycy, otwarcie przyznają, że generalnie nie mają pojęcia, czym jest matematyka. Jak powiedział kiedyś angielski filozof Sir Michael Dummett: „Dwie najbardziej abstrakcyjne dyscypliny naukowe - matematyka i filozofia - budzą to samo zdziwienie co do tego, czym właściwie się zajmują. Co więcej, to zdziwienie jest spowodowane nie tylko niewiedzą, trudno jest odpowiedzieć na to pytanie nawet specjalistom z danych dziedzin".

Ale o tym pomyślimy później. Teraz próbuję zwrócić twoją uwagę na coś innego. Weźmy grawitację. Czy kiedykolwiek zauważyłeś dziwność w spadaniu obiektów pod wpływem tej właśnie grawitacji?

Upuśćmy coś i obserwujmy. Na przykład mamy spadającą piłkę. Tutaj spada i w ciągu jednej sekundy pokonuje pewien odcinek drogi. Jak myślisz, jaki odcinek drogi pokona w następnej sekundzie? Nie będę trzymał cię w niepewności - w następnej sekundzie piłka przeleci trzy razy większy odcinek, w trzeciej sekundzie - pięć razy większy, w czwartej - siedem razy większy, w piątej - dziewięć, potem jedenaście i tak dalej.

Spójrz jeszcze raz. Jak myślisz, jaka jest dziwność tej sekwencji? Jeśli przyjrzysz się uważnie, nie zauważysz ani jednej liczby parzystej. Upadek dowolnego obiektu to ciąg liczb nieparzystych, który odkrył Galileusz. Możesz mierzyć odcinki nie raz na sekundę, ale na przykład raz na 5 sekund lub raz na 2 minuty - to nie ma znaczenia. Niezależnie od wybranego przedziału czasu zawsze otrzymasz dokładnie tę sekwencję.

Piłka spada tak, jakby Wszechświat dokładnie wiedział, czym są liczby nieparzyste, a więc i parzyste. Jest to ścisłe prawo matematyczne, które, jak każde prawdziwe prawo, nie ma wyjątków. Prawo, które jest w jakiś sposób wplecione w tkaninę wszechświata.

Tak więc niesamowite rzeczy często pozostają niezauważone i przyjmujemy je za pewnik. Ale to właśnie z takich rzeczy kształtuje się nasze zrozumienie fizyki i wszechświata jako całości.

Wzór Przeciwko Chaosowi

Gdyby piłka spadała za każdym razem trochę inaczej, prawdopodobnie wprawiłoby to w zakłopotanie nawet Einsteina. Pozwolę sobie przypomnieć jego słowa z listu do matematyka Maurice'a Solovine'a: „Dziwisz się, że uważam poznawalność świata za cud lub wieczną tajemnicę. Cóż, a priori, należy oczekiwać chaotycznego świata, którego nie można poznać poprzez myślenie".

Tymczasem w chaotycznym świecie mózg prawdopodobnie po prostu nie mógłby się rozwinąć. Na przykład, zdaniem amerykańskiego neurobiologa Deana Buonomano, gdyby ktoś musiał sformułować całą istotę funkcji mózgu w dwóch słowach, najlepszą definicją byłoby prawdopodobnie „przewidywanie przyszłości". Mózg stale wykonuje obliczenia matematyczne. Na przykład najprawdopodobniej nie wiesz, dlaczego jedna z twarzy w parze wydaje ci się bardziej atrakcyjna niż druga. Ale twój mózg wie. On już wszystko obliczył.

Te obliczenia atrakcyjności twarzy są tak złożone, że na anglojęzycznym YouTube jest kanał poświęcony wyłącznie badaniu, które twarze ludzki mózg uważa za atrakcyjne, i jest tam już ponad pięćset filmów. To znaczy dosłownie, atrakcyjność twarzy to konkretne liczby, procenty, stosunki i proporcje, o których możesz nawet nie podejrzewać, ale twój mózg zawsze je znał. Wykonuje obliczenia matematyczne i przewiduje, że ta osoba będzie miała dobre potomstwo. Nazywamy to atrakcyjnością lub pięknem.

Oczywiście dotyczy to nie tylko twarzy. Na przykład wiele dziewcząt chodzi na siłownię i pilnie przysiada ze sztangą, aby zbudować objętość w mięśniach pośladkowych. Ale jak się okazuje, ich objętość nie jest tak ważna jak wygięcie dolnej części pleców. Mężczyźni oceniają najbardziej atrakcyjny kąt na 45,5 stopnia. Pytasz, dlaczego akurat te liczby i proporcje? Część z tego można wyjaśnić, ale jednocześnie na świecie jest wiele konkretnych liczb, których pochodzenie jest niezrozumiałe.

Nie wiadomo, dlaczego liczba pi, czyli stosunek obwodu koła do jego średnicy, występuje w różnych działach fizyki i nie jest jasne, dlaczego jest akurat taka.

Jednak liczba pi już wszystkich zaskoczyła, a fizycy są do niej przyzwyczajeni jako do czegoś zupełnie naturalnego. Są jednak inne dziwne liczby. Na przykład stała Feigenbauma. Mitchell Feigenbaum pracował w słynnym laboratorium Los Alamos, które między innymi zajmowało się opracowaniem bomby atomowej. Pewnego dnia dostał fajny nowoczesny kalkulator kieszonkowy HP 65, który po uwzględnieniu inflacji kosztował prawie 5000 dolarów. Feigenbaum był zafascynowany nową zabawką i badając na niej zachowanie jednej prostej funkcji, stwierdził, że ciąg liczb, który uzyskał w wyniku obliczeń, zbliża się do pewnej liczby.

Kiedy Feigenbaum badał inne równania, odkrył, że ta tajemnicza liczba pojawia się również tam. Doszedł do wniosku, że odkrył pewien uniwersalny wzorzec, który w jakiś sposób wyznacza przejście od porządku do chaosu. Chociaż nie mógł znaleźć na to wyjaśnienia. Początkowo fizycy byli sceptyczni, ponieważ trudno było uwierzyć, że ta sama liczba może charakteryzować zachowanie różnych układów. Jego pierwszy artykuł był recenzowany przez sześć miesięcy i ostatecznie został odrzucony. Jednak bardzo szybko eksperymenty wykazały, że wiele rzeczy zachowuje się zgodnie z przewidywaniami Feigenbauma. Jego stała pojawia się podczas pomiaru dynamiki populacji żywych istot, reakcji oka na migoczące światło, migotania przedsionków i zachowania kropel wody w wadliwym kranie. Teraz ta liczba nazywa się stałą Feigenbauma i jest znana w świecie naukowym.

Mistycyzm Matematyki

Laureat Nagrody Nobla, Eugene Wigner, powiedział kiedyś zdanie, które później stało się viralowe: "Niewiarygodna skuteczność matematyki w naukach przyrodniczych jest czymś graniczącym z mistycyzmem, ponieważ nie ma racjonalnego wyjaśnienia tego faktu." Czy zastanawiałeś się kiedyś nad tym, co robisz, gdy słuchasz muzyki? To znaczy, czym jest słuchanie muzyki i dlaczego czerpiemy z tego taką przyjemność?

W szkole opowiadano nam o twierdzeniu Pitagorasa i o samym Pitagorasie. Ale czego nam nie powiedziano w szkole, to to, że Pitagoras był założycielem totalitarnej sekty nazwanej jego imieniem. Jej wyznawcy czcili liczby i wierzyli, że matematyka to dosłownie Bóg. Ich motto brzmiało "Wszystko jest liczbą". Aby zrozumieć, jak poważnie wszystko tam było, kiedy jeden ze studentów, Hippasus, matematycznie udowodnił, że nie wszystkie rzeczy można wyrazić w liczbach całkowitych, po pewnym czasie został znaleziony utopiony.

Tak więc Pitagoras odkrył, że muzyka jest matematyczna i że najprzyjemniejszymi dla ludzkiego ucha określonymi stosunkami wibrujących strun są dwa do jednego (2:1), trzy do dwóch (3:2) i cztery do trzech (4:3). Te kombinacje klawiszy stały się podstawą muzyki klasycznej, większości muzyki ludowej, a także muzyki pop i rock. W ten sposób Pitagoras odkrył, że harmonia dźwięków, którą odczuwamy, odzwierciedla relacje zachodzące w pozornie zupełnie innym świecie - w świecie liczb.

Nie wiem, ile razy dziś powtórzą się wariacje tego pytania, ale jak to możliwe? Niemiecki matematyk Gottfried Leibniz napisał na ten temat: "Przyjemność, jaką czerpiemy z muzyki, pochodzi z obliczeń, ale nieświadomych obliczeń. Muzyka to nic innego jak nieświadoma arytmetyka". Arthur Schopenhauer uważał, że wszystko, co istnieje, jest ucieleśnieniem woli świata, a muzyka jest jej najbardziej bezpośrednim przejawem. "Muzyka, w przeciwieństwie do innych sztuk, jest odbiciem samej woli. Dlatego jej wpływ jest tak znacznie silniejszy i głębszy niż wpływ innych sztuk, ponieważ te ostatnie mówią o cieniu, podczas gdy muzyka mówi o istocie".

Dzięki wielokrotnie potwierdzonej prawdzie stwierdzenia Leibniza, muzyka jest niczym więcej niż sposobem na bezpośrednie i rzeczywiste zrozumienie tych dużych liczb i relacji liczbowych, które możemy generalnie poznać tylko pośrednio w pojęciach. I oto, co ciekawe: ludzie z nabytym lub wrodzonym zespołem sawanta, jak bliźniacy, których opisałem na początku, często mają supermoce nie tylko w matematyce, ale także w tej samej muzyce. To sugeruje, jak mówi Oliver Sacks: przypadkowe liczby, a właściwie jakakolwiek dowolność, nie sprawiały bliźniakom żadnej przyjemności. W liczbach szukali sensu, prawdopodobnie w taki sam sposób, w jaki muzycy szukają harmonii w dźwiękach.

Oliver Sacks zauważył, że w liczbach pierwszych, które tak bardzo podobały się bliźniakom, okazuje się, że jest jakiś mistyczny ukryty wzór, który został absolutnie przypadkowo odkryty w 1963 roku przez matematyka Stanisława Ulama i który nawet my, zwykli ludzie, możemy zobaczyć. Ulam siedział na bardzo długim i bardzo nudnym wykładzie, próbując się jakoś zabawić. Zaczął rysować pionowe i poziome linie na kartce papieru, aby zacząć komponować studia szachowe, ale zamiast tego zaczął numerować komórki. Umieścił jeden na środku, a następnie, poruszając się spiralą, dwa, trzy i tak dalej. Jednocześnie mechanicznie zaznaczał liczby pierwsze. Okazało się, że liczby pierwsze układają się w pewien harmonijny wzór.

Zaskoczony Ulam wrócił z wykładu i stworzył komputerową wizualizację tego, jak wyglądałoby 90 milionów liczb pierwszych i zobaczył to. To jest to, co teraz nazywa się "spiralą Ulama". Dlaczego liczby, które są podzielne bez reszty tylko przez siebie i przez jeden, dają takie piękno?

Poziom II Multiwersum

Alan Guth, fizyk i kosmolog, zaproponował ideę kosmicznej inflacji, która przewiduje istnienie multiwersum pierwszego poziomu. Okazuje się jednak, że przewiduje ona również istnienie multiwersum drugiego poziomu, co zademonstrowali Alan Guth, Andrei Linde, Alexander Vilenkin i inni fizycy.

W swoim raporcie odczytanym w Massachusetts Institute of Technology, Guth zauważył, że jeśli odkryjemy jakiś obiekt w naturze, to podejście naukowe sugeruje, że musimy również znaleźć mechanizm, który wygenerował ten obiekt. Na przykład, samochody są budowane w fabrykach samochodów, króliki rodzą się z udziałem króliczych rodziców, a układy planetarne powstają podczas grawitacyjnego kolapsu gigantycznych obłoków molekularnych. Dlatego musimy założyć, że cały nasz Wszechświat został również wygenerowany przez mechanizm tworzenia wszechświatów. I oto co jest ważne: fabryki samochodów, króliki i gigantyczne obłoki pyłu produkują wiele kopii tego, co tworzą. Wszechświat zawierający tylko jeden samochód, jednego królika i jeden układ planetarny wydaje się nienaturalny.

Zgodnie z tą logiką, mechanizm, który dał początek naszemu Wszechświatowi, musiał dać początek wielu innym. Multiwersum pierwszego poziomu to po prostu jeden wszechświat z nieskończoną przestrzenią, gdzie prędzej czy później wszystko się powtarza. Ale multiwersum drugiego poziomu to już bardziej interesująca struktura.

W fizyce istnieje dziewięć fundamentalnych cząstek zwanych fermionami. Każda z nich ma swoją własną masę, a te masy są bardzo różne od siebie. Ale co ciekawe, jeśli spojrzeć na te masy, wyglądają one tak, jakby zostały wybrane losowo.

Wyobraź sobie rzucanie dziewięcioma rzutkami w tarczę. Każda rzutka trafia w losowe miejsce, a odległość od środka tarczy do każdej rzutki będzie inna. Podobnie, masy fermionów wyglądają losowo, jakby były "rozrzucone" na skali mas bez żadnego wzoru.

To dziwne, ponieważ jesteśmy przyzwyczajeni do myślenia, że wszystko we Wszechświecie ma swoje powody i wzorce. Ale masy cząstek fundamentalnych, jak się wydaje, nie podlegają żadnym regułom. To stawia ważne pytanie dla naukowców: dlaczego masy cząstek są takie, jakie są? Czy jest w tym jakieś ukryte znaczenie, czy to tylko zbieg okoliczności?

Ale idźmy dalej. Wyobraź sobie, że musisz wyregulować okrągłe pokrętło, które odpowiada za gęstość ciemnej energii. Ciemna energia jest siłą odpychającą we Wszechświecie, więc nie możesz przesadzić, bo inaczej gwiazdy i galaktyki nie będą mogły się formować w przestrzeni. Ale jednocześnie, jeśli nie dokręcisz go, Wszechświat bardzo szybko zapadnie się pod wpływem grawitacji. Pytasz, jaki jest zakres ustawień w tym przypadku? Fizycy obliczyli, że maksymalna możliwa wartość to około 10 do 120 potęgi kilogramów na metr sześcienny, a minimalna wartość to 10 do minus 97 potęgi kilogramów na metr sześcienny.

Więc, jak myślisz, z jaką dokładnością musisz przekręcić uchwyt, aby nasz Wszechświat mógł istnieć? Odpowiedź brzmi, że kąt obrotu musi być ustawiony z dokładnością większą niż 120 cyfr po przecinku. Okazuje się, że bez względu na to, jak go przekręcisz, nie będziesz w stanie trafić dokładnie. A jednak, oczywiście, jakiś mechanizm zrobił to dla naszego wszechświata.

A wszechświat ma wiele takich "długopisów". Max Tegmark pisze, że społeczność naukowa stopniowo zaczyna rozumieć, że wiele z nich jest dostrojonych bardzo precyzyjnie. Na przykład, gdyby siły elektromagnetyczne zostały osłabione o około 4%, słońce natychmiast by eksplodowało. Jak to wyjaśnić? Mogą być tu trzy opcje. Pierwszą z nich jest łańcuch szczęśliwych zbiegów okoliczności. Jednak metoda naukowa nie toleruje bezpodstawnych zbiegów okoliczności. Jak pisze Tegmark, powiedzenie, że "moja teoria wymaga bezpodstawnego zbiegu okoliczności, aby zgadzać się z obserwacjami" jest tym samym, co powiedzenie, "moja teoria jest błędna".

Drugą opcją jest Bóg, boska interwencja. Ta opcja nie jest jednak dużo lepsza od poprzedniej, ponieważ niczego nie wyjaśnia i sama rodzi ogromną liczbę innych pytań.

A trzecią opcją jest teoria inflacji. Zakłada ona obecność przestrzeni, która nieskończenie się rozszerza. Innymi słowy, "gotuje się", a w tej przestrzeni, jak w garnku z wrzącą wodą, pojawiają się "bąbelki".

Każdy bąbelek to multiwersum pierwszego poziomu z nieskończoną przestrzenią w środku. A wszystkie te nieskończone bąbelki razem tworzą multiwersum drugiego poziomu.

Jeśli masz pytanie, jak nieskończona przestrzeń może być zamknięta w skończonej objętości tych bąbelków, to powiem Ci jeszcze więcej: dla zewnętrznego obserwatora wszystkie te wszechświaty mogą wyglądać jak formacje mniejsze od atomu, które prawdopodobnie wyglądają tak - czarna dziura subatomowych wszechświatów, ich przestrzeń jest nieskończona.

Tak więc, to, co nazywamy Wielkim Wybuchem, nie było początkiem, ale raczej końcem - końcem inflacji w naszym regionie przestrzeni. W innych obszarach inflacja zwykle trwa wiecznie. Nie trzeba dodawać, że większość równoległych wszechświatów drugiego poziomu jest martwa z powodu nieudanych ustawień?

Opowiadając o multiwersum drugiego poziomu, Tegmark często odwołuje się do podejścia statystycznego. A jego przewidywania są w doskonałej zgodności z danymi. A jeśli się nad tym zastanowić, to jest to absurdalne na swój sposób. Jak może istnieć wzór w wypadkach? Brzmi to jak oksymoron.

Wzór przeciwko chaosowi

Belgijski matematyk Adolphe Quetelet przeprowadził badania na dużą skalę różnych parametrów ludzkiego ciała. Zmierzył na przykład obwód klatki piersiowej 5 738 szkockich żołnierzy i wzrost 100 000 francuskich rekrutów. Wyrażając wszystkie odczyty graficznie, Quetelet uzyskał krzywą w kształcie dzwonu, którą obecnie nazywamy krzywą rozkładu normalnego (rys. 4).

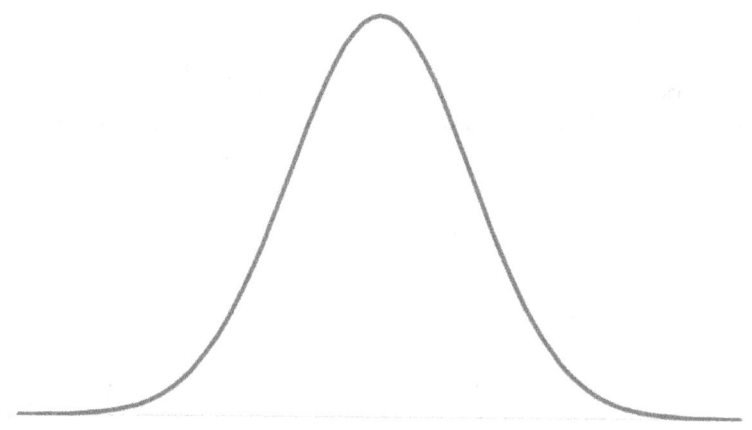

Rysunek 4. - Krzywa rozkładu normalnego

Im więcej danych posiadał na temat określonego parametru, tym wyraźniejsza stawała się ta krzywa. Na przykład, jeśli weźmiemy taki parametr jak wzrost, to absolutna większość ludzi ma mniej więcej ten sam wzrost, a odchylenia dotyczą mniejszości: po lewej stronie wykresu znajdą się osoby bardzo niskie, a po prawej - bardzo wysokie.

Quetelet budował również podobne krzywe dla cech moralnych, takich jak skłonność do przestępczości, zdolności intelektualne i tak dalej. Ku jego zaskoczeniu, odkrył, że wszystkie cechy ludzkie podlegają tej samej krzywej normalnej.

Ale co jest naprawdę niesamowite, to fakt, że Quetelet odkrył tę krzywą już w połowie XV wieku, znaną astronomom z obserwacji astronomicznych. Jak to możliwe, że procesy astronomiczne, biologiczne i społeczne są połączone jakimś uniwersalnym prawem? Fakt, że rozkład szerokiej gamy właściwości podlega tej samej krzywej normalnej, jest sam w sobie niezwykły. Ale to nie wszystko. Nawet rozkład średniego poziomu udanych serw w głównej lidze baseballowej i rentowność indeksów giełdowych podlegają rozkładowi normalnemu.

Co więcej, jeśli rozkład odbiega od krzywej normalnej, zwykle należy go dokładnie sprawdzić. Na przykład, jeśli rozkład ocen z języka angielskiego w danej szkole różni się od normalnego, sugeruje to sprawdzenie przyjętych tam zasad oceniania.

Wzorce matematyczne można prześledzić w wielu różnych dziedzinach. W 1906 roku badacz Francis Galton, kuzyn Karola Darwina, dokonał ważnej obserwacji na targach wiejskich. Odwiedzających poproszono o odgadnięcie dokładnej wagi ubitego byka. W konkursie wzięło udział 787 osób. Wśród nich byli zarówno rolnicy, którzy się na tym znają, jak i osoby dalekie od hodowli bydła.

Po targach Galton obliczył, że średnia wszystkich odpowiedzi wyniosła 1 197,5 funta (około 547,5 kg). Jak blisko myślisz, że ta liczba była rzeczywistej wagi byka? Błąd wynosił mniej niż 1%. Absolutnie chaotyczne odpowiedzi różnych uczestników doprowadziły w sumie do bardzo dokładnego wyniku. Zjawisko to było wielokrotnie powtarzane w różnych dziedzinach i zostało nazwane "mądrością tłumu".

Efekt ten leży u podstaw takich zjawisk jak demokracja, gdzie decyzje podejmowane są na podstawie głosów dużej liczby osób, a także takich usług jak Wikipedia czy platforma internetowa "Kulu", stworzona w 2015 roku przez grupę naukowców. Na tej platformie ludzie mogą zgłaszać swoje przewidywania dotyczące pewnych wydarzeń, a platforma pokazuje średni wynik głosowania. Wiele z poczynionych przewidywań sprawdziło się z dużą dokładnością.

Czy wzorce matematyczne mogą naprawdę przenikać wszystko? Wiele badań i obserwacji pokazuje, że nawet w losowości istnieje pewien porządek, który można opisać matematycznie. Te wzorce pomagają nam lepiej zrozumieć świat, a nawet przewidywać przyszłe wydarzenia z pewną dokładnością.

Geniusz Ramanujana

W styczniu 1913 roku utalentowany matematyk z Cambridge, Godfrey Harold Hardy, otrzymał paczkę dokumentów z listem przewodnim. Autor listu, Srinivasa Ramanujan, twierdził, że dokonał uderzających postępów w matematyce i poprosił Hardy'ego o opublikowanie jego pracy, ponieważ sam nie miał na to środków. Do listu dołączono 11 stron wyników technicznych z różnych dziedzin matematyki, z których większość była już znanymi twierdzeniami matematycznymi, ale niektóre Hardy nigdy wcześniej nie widział. Hardy natychmiast zdał sobie sprawę, że te wzory mogły zostać wyprowadzone tylko przez matematyka najwyższej klasy i muszą być prawdziwe, ponieważ nikt nie mógł ich wymyślić.

Srinivasa Ramanujan był młodym Hindusem, który nie miał formalnego wykształcenia matematycznego i nigdy nie uczęszczał na uniwersytet. Hardy i jego kolega John Littlewood byli przekonani, że mają do czynienia z geniuszem, który samodzielnie przeszedł wielowiekową ścieżkę europejskich matematyków. Hardy pomógł Ramanujanowi przenieść się do Cambridge, aby mogli razem pracować.

Problem polegał na tym, że do tej pory nikt nie rozumie metody, którą Ramanujan wyprowadził swoje wzory. Hardy powiedział, że idee Ramanujana dotyczące dowodu matematycznego były bardzo niejasne. Ramanujan improwizował złożone twierdzenia arytmetyczne, których dowód wymagałby nowoczesnych komputerów. Twierdził, że jego formuły zostały mu przekazane we śnie przez boginię Namagiri.

Ramanujan pozostawił trzy tomy notatek zawierających niezwykle potężne twierdzenia bez żadnych komentarzy ani dowodów. W 1976 roku znaleziono kolejne 130 stron jego notatek z ostatniego roku jego życia, zawierających 600 wzorów bez dowodów. Prawie wszystkie z nich zostały następnie udowodnione. Matematyk Richard Askey powiedział, że praca Ramanujana w ostatnim roku jego życia jest porównywalna z tym, co jakiś wielki matematyk mógłby zrobić w całym swoim życiu.

Praca nad rozszyfrowaniem jego ostatniego dziennika była niezwykle trudna. Matematyk Bruce Berndt powiedział, że odkrycie tego manuskryptu wywołało poruszenie w świecie matematycznym, podobne do odkrycia Dziesiątej Symfonii Beethovena. Fizyk i matematyk Stephen Wolfram napisał, że złożone formuły Ramanujana kryły za sobą historię. Wiele z jego wyników wydaje się przypadkowymi faktami z matematyki, ale ich praca w ostatnich dziesięcioleciach pokazuje, że podlegają one prawom matematycznym.

Freeman Dyson powiedział, że Ramanujan miał jakieś magiczne sztuczki, których nie rozumiemy. Historia Ramanujana przypomina nam o skali jego geniuszu. W 2015 roku powstał nawet film o nim, "Człowiek, który poznał nieskończoność".

Jego zeszyty, które zawierały krótkie wykłady jego wyników, były badane przez dziesięciolecia po jego śmierci jako źródło nowych idei matematycznych. A najbardziej fantastyczne jest to, że jego formuły są dziś wykorzystywane w teorii strun i do badania czarnych dziur, chociaż takie terminy jak teoria strun i czarna dziura nie istniały za jego życia. Ramanujan w jakiś sposób odpowiedział na pytania fizyki teoretycznej, których nikt jeszcze nie zadał.

Jednym ze sposobów wyjaśnienia tego może być to, że mózg ewoluował, aby dostrzec pewien wzór w świecie, jakiś matematyczny. Być może jego neurony przejęły funkcję obliczeń w taki sam sposób, w jaki mózg oblicza proporcje twarzy. Przypuszczalnie jego neurony były zaangażowane w obliczanie matematyki.

Niewiarygodna skuteczność matematyki w fizyce

Galileo Galilei powiedział kiedyś: "Wielka księga, mam na myśli wszechświat, który jest zawsze otwarty dla naszych oczu, jest napisana w języku matematyki, a jej znakami są trójkąty, koła i inne figury geometryczne". Galileusz podkreślił, że bez znajomości matematyki nie możemy zrozumieć natury. To stwierdzenie pozostaje prawdziwe do dziś, ponieważ matematyka zaskakująco znajduje zastosowanie w fizyce, ujawniając nam tajemnice wszechświata.

Jeśli podejdziemy do kwestii skuteczności matematyki w naukach przyrodniczych z codziennego punktu widzenia, możemy pomyśleć, że ludzie obserwowali świat fizyczny i rozumieli pewne właściwości dodawania, odejmowania i tak dalej. Na przykład, jeśli masz trzy jabłka i zjesz jedno, zostaną ci dwa. Można również założyć, że każda osoba prędzej czy później dojdzie do wniosku, że przestrzeń ma trzy wymiary. Z tego punktu widzenia nie jest zaskakujące, że matematyka i fizyka są ze sobą ściśle powiązane.

Ale głównym problemem tej logiki jest to, że matematyka jest z powodzeniem stosowana w obszarach, które są jak najdalej od ludzkiego postrzegania. Weźmy na przykład Einsteina. Wiele osób uważa, że otrzymał Nagrodę Nobla za teorię względności, ale tak nie jest. Komitet Noblowski przez dziesięciolecia uparcie odmawiał uznania jego kandydatury, pomimo faktu, że był nominowany przez tak wybitnych naukowców jak Lorentz, Planck i Bohr. Dlaczego?

Podaje się różne powody, w tym brak danych eksperymentalnych. Wszystko, co zrobił, cała jego praca była złożoną matematyką, bez żadnych eksperymentów. Dlatego niektórzy członkowie Komitetu Noblowskiego nie rozumieli istoty jego teorii, a z drugiej strony mieli wielki sceptycyzm co do tego, że spowolnienie czasu i krzywizna przestrzeni są czymś rzeczywistym. Trudno ich za to winić, bo wydawało się to niewiarygodne.

Trwało to do momentu, gdy napływające dane eksperymentalne nie mogły już być ignorowane. Ale nawet wtedy komitet, sparaliżowany niezdecydowaniem, przyznał Nagrodę Nobla Einsteinowi nie za teorię względności, ale za to, co uważa się za jego najmniej znaczące osiągnięcie - wyjaśnienie efektu fotoelektrycznego.

Dlaczego więc matematyka tak dobrze opisuje to, z czym człowiek nigdy nie zetknął się w całej historii swojego istnienia? Dlaczego na przykład nieosiągalny świat cząstek subatomowych jest tak dobrze opisywany przez matematykę wyuczoną przez liczenie warzyw? I dlaczego formuły Ramanujana, człowieka, który nie miał nic wspólnego z fizyką, znajdują swoje zastosowanie w najnowocześniejszych koncepcjach fizycznych po 100 latach? Dlaczego wreszcie nawet mentor Ramanujana, ten sam Godfrey Hardy, który był dosłownie dumny, że jego prace zawierają nic poza czystą matematyką, a w swojej słynnej książce "Apologia matematyka" napisał: "Nigdy nie zrobiłem niczego użytecznego; żadne z moich odkryć nie przyczyniło się bezpośrednio ani pośrednio do wzrostu lub zmniejszenia dobra lub zła i nie miało żadnego wpływu na dobrobyt świata", dlaczego nawet jego formuły znalazły swoje zastosowanie w rzeczywistości, na przykład w prawie Hardy'ego-Weinberga, podstawowej zasadzie, na której opierają się genetycy w badaniach nad ewolucją populacji?

Poziom III Multiwersum

W nocy 26 września 1983 roku, niedaleko Moskwy, w centrum dowodzenia systemu wczesnego ostrzegania nuklearnego, rozległy się alarmy. Komputer zgłosił, że z terytorium Stanów Zjednoczonych Ameryki wystrzelono międzykontynentalne pociski balistyczne. Poziom wiarygodności odczytów był maksymalny. W głowach wszystkich, którzy byli w tym momencie w centrum dowodzenia, pojawiła się tylko jedna myśl - Trzecia Wojna Światowa. Tego wieczoru dyżur pełnił podpułkownik Stanisław Pietrow. Jego serce waliło, a oddech mu się zatrzymał. "Nie mogłem wstać z krzesła, nogi mi się ugięły" - wspominał.

Zgodnie ze statutem, Pietrow był zobowiązany zgłosić atak, uruchamiając łańcuch rozkazów, które doprowadziłyby do odpowiedniego uderzenia nuklearnego na Stany Zjednoczone. "Miałem tylko kilka minut, aby zgłosić zagrożenie kierownictwu kraju. Pociski miały wybuchnąć na naszym terytorium w ciągu zaledwie pół godziny". Dziesiątki tysięcy bomb nuklearnych zgromadzonych przez lata wyścigu zbrojeń miały spełnić swoje zadanie. Większość z nich nie była nawet atomowa, ale wodorowa. Dla tych, którzy nie wiedzą, czym jest bomba wodorowa: w bombie wodorowej bomba atomowa działa jak wyzwalacz reakcji.

"Wydawało mi się, że moja głowa zamieniła się w komputer. Dużo danych, ale nie tworzyły one jednej całości". Nikt nie wie, czy kierownictwo Związku Radzieckiego rozpoczęłoby odpowiedni atak, gdyby podpułkownik Pietrow zgłosił atak. Było to całkiem prawdopodobne, ponieważ sytuacja była wtedy bardzo napięta. Był to szczyt zimnej wojny. Reagan nie wahał się już w swoich wypowiedziach i nazywał ZSRR "imperium zła" i "ogniskiem zła we współczesnym świecie". A trzy tygodnie przed incydentem, kierownictwo ZSRR wydało paranoiczny rozkaz zniszczenia cywilnego samolotu lecącego z Nowego Jorku do Seulu. Samolot, z powodu błędu pilota, zboczył z kursu i wleciał w przestrzeń powietrzną ZSRR, gdzie został zestrzelony przez nasz myśliwiec przechwytujący. W rezultacie zginęło 269 osób, w tym kongresman USA Larry MacDonald.

Sytuacja była taka, że zarówno USA, jak i Związek Radziecki poważnie rozważały opcje wyprzedzających uderzeń nuklearnych przeciwko sobie nawzajem, ponieważ każdy kraj obawiał się, że drugi zrobi to pierwszy. Szanse wynosiły 50/50. A teraz pomyślcie o tym: los całego świata w tym momencie zależał od tego, czy pojedynczy atom wapnia dostanie się, czy nie dostanie się do określonej synapsy kory przedczołowej mózgu podpułkownika Pietrowa, powodując wzbudzenie określonego neuronu i wysłanie przez niego sygnału elektrycznego, który wywoła kaskadę aktywności innych neuronów, wspólnie kodujących myśl "fałszywy alarm".

"Podniosłem słuchawkę i zgłosiłem dyżurnemu, że informacje pochodzące z mojego stanowiska dowodzenia są fałszywe. Komputer się zawiesił". Pozostało tylko czekać, aż pociski, jeśli rzeczywiście zostały wystrzelone, wtargną w przestrzeń powietrzną ZSRR i nie zostaną wykryte przez radary. Miało się to stać za 18 minut, ale się nie stało. Przez następne dwa dni po doznanym szoku, według syna podpułkownika, jego ojciec spał. Sześć miesięcy później okazuje się, że awaria nastąpiła z powodu tego, że promienie słoneczne jakoś odbiły się od chmur bezpośrednio nad bazą i oślepiły satelitę.

Po upadku Związku Radzieckiego cały świat dowie się o tej historii. Stanisław Pietrow otrzyma prestiżową niemiecką nagrodę medialną za swój wkład w dobro publiczne. W Nowym Jorku, w siedzibie ONZ, zostanie mu wręczona kryształowa statuetka z napisem "Człowiekowi, który zapobiegł wojnie nuklearnej". Pietrow zostanie laureatem Nagrody Drezdeńskiej, przyznawanej za zapobieganie konfliktom zbrojnym, i zagra w filmie dokumentalnym o tych wydarzeniach wraz z Kevinem Costnerem.

To jest historia, którą znamy, ale istnieje inna rzeczywistość. Atom wapnia, który wywołał kaskadę zdarzeń w mózgu podpułkownika, jest mikroskopijnym obiektem podlegającym prawom mechaniki kwantowej. Dlatego atom może znajdować się w dwóch nieco różnych pozycjach. Zgodnie z interpretacją wielu światów mechaniki kwantowej, w nocy 26 września wszechświat podzielił się na dwie rzeczywistości. W tej chwili, równolegle z naszym światem, istnieje inny, w którym atom wapnia nie dostał się do właściwej synapsy w mózgu podpułkownika, a Pietrow podjął przeciwną decyzję - zgłosił atak i rozpoczęła się wojna nuklearna. Można się tylko domyślać, jak ten świat wygląda teraz. To rodzaj eksperymentu kota Schrödingera, ale w skali całej planety.

Interpretacja wielu światów mechaniki kwantowej Hugh Everetta nie wymaga wprowadzenia. Mówi się o niej wiele, a wielu fizyków w ostatnich dziesięcioleciach przeszło od ignorowania lub szyderczego wyśmiewania do poważnego rozważania możliwości nieskończonego podziału wszechświata. Max Tegmark przytacza nieformalną, ale odkrywczą ankietę wśród fizyków w 1997 roku, w której większość opowiedziała się za klasyczną interpretacją kopenhaską, a nie za równoległymi wszechświatami. Ale już w 2010 roku na Harvardzie nikt nie głosował za interpretacją kopenhaską, a absolutna większość uznała za słuszną interpretację wielu światów.

Konrad Lorenz powiedział, że ważne odkrycia naukowe przechodzą przez trzy fazy: najpierw są ignorowane, potem są zaciekle atakowane, a na koniec są odrzucane jako dobrze znane. Sądząc po danych z ankiety, po przejściu pierwszej fazy w latach 60., równoległe wszechświaty Everetta znajdują się teraz pomiędzy drugą a trzecią fazą.

Max Tegmark zauważa, że wiele osób nie rozumie, jak można podzielić się na kopie siebie i tego nie zauważyć, zawsze czując się tą samą osobą. Można spróbować to zrozumieć i zaakceptować tylko za pomocą eksperymentu myślowego. Nie ma prawa fizyki, które zabraniałoby stworzenia pełnej kopii ciebie ze wszystkimi twoimi wspomnieniami. Wyobraź sobie, że zapadłeś w głęboki sen, a potem zostałeś sklonowany za pomocą super technologii przyszłości. Jeśli po przebudzeniu nie powiedziano ci, który z was jest klonem, to nigdy nie będziesz mógł być pewien, że jesteś oryginałem. Oboje będziecie pochodzić z tej samej przeszłości i czuć się tak, jakbyście przeżyli długie życie, mimo że jeden z was pojawił się dopiero wczoraj.

Jeśli wszechświaty pierwszego i drugiego poziomu mieszczą się w ramach tradycyjnej kosmologii, to multiwersum trzeciego poziomu, wyobrażone w interpretacji wielu światów mechaniki kwantowej, sugeruje coś zupełnie innego. Tutaj każda możliwa wersja historii, każda decyzja, każdy możliwy wynik jest rzeczywisty i istnieje równolegle do siebie.

Historia podpułkownika Pietrowa, w której podjął przeciwną decyzję i zgłosił atak, ilustruje tę koncepcję. W interpretacji wielu światów mechaniki kwantowej, każdy możliwy wynik tego incydentu jest realizowany w oddzielnej gałęzi rzeczywistości. I chociaż dla nas, żyjących w określonej gałęzi, może się to wydawać czymś abstrakcyjnym lub fantastycznym, w ramach interpretacji wielu światów jest to naturalna cecha świata kwantowego.

Z czego składa się Podstawa Rzeczywistości

Podstawa rzeczywistości fizycznej składa się z obiektów matematycznych, takich jak przestrzenie Hilberta i funkcje falowe. Przestrzeń Hilberta to struktura matematyczna, która jest wykorzystywana do opisu właściwości układów kwantowych i ich stanów. Zawiera ona nieskończenie wymiarowe przestrzenie wektorowe, które są używane do sformalizowania mechaniki kwantowej.

Funkcja falowa to obiekt matematyczny, który opisuje stan układu kwantowego i pozwala przewidywać prawdopodobieństwa różnych wyników pomiarów. Jest ona podstawą do obliczania prawdopodobieństw, amplitud i innych wielkości w mechanice kwantowej.

Tak więc, matematyka działa jako podstawa rzeczywistości fizycznej w kontekście teorii kwantowej, gdzie przestrzenie Hilberta i funkcje falowe pomagają opisać zachowanie mikroskopijnych cząstek i układów.

Frank Wilczek, w swojej publikacji dla wydania internetowego, pisze: "W mojej karierze naukowej miałem wiele różnych doświadczeń, z których niektóre doprowadziły mnie do niezwykłych stanów świadomości. Ale miałem tylko jedno doświadczenie, które można zakwalifikować jako mistyczne. Byłem tam sam, wewnątrz metalowego pudełka wielkości hangaru lotniczego, i patrzyłem w dół na sprzęt, którego ludzie używają do eksperymentalnego badania podstaw natury. I wtedy to się stało. Intuicyjnie przyszło mi do głowy, że złożone obliczenia, które robiłem długopisem i papierem, mogą w jakiś sposób opisać tę zupełnie inną sferę istnienia, a mianowicie fizyczny świat cząstek, śladów i elektronów stworzonych przez mechanizm, na który patrzyłem. Nie było potrzeby wybierać, jak to często bywa z filozofami, pomiędzy umysłem a materią. To był umysł i materia razem. Jak to możliwe? Dlaczego tak powinno być? A jednak jakoś nagle zdałem sobie sprawę, że tak może i powinno być. Cudowna tajemnica zgodności języka matematycznego z prawami fizyki jest niesamowitym darem, którego nie jesteśmy w stanie zrozumieć i na który możemy nie zasługiwać."

To doświadczenie ujawniło mu niesamowity dar, jaki język matematyczny daje prawom fizyki. Czuł, że prawa natury można zrozumieć poprzez język matematyki i że język ten nie jest tylko abstrakcyjnym pojęciem, ale także odzwierciedla głębokie struktury rzeczywistości. To było uczucie jedności umysłu i materii, które stało się dla Wilczka mistycznym doświadczeniem.

Poziom IV Multiwersum

W poprzedniej sekcji szczegółowo omówiliśmy, dlaczego to, co człowiek bezpośrednio postrzega swoimi zmysłami, nie może być obiektywną rzeczywistością. Omówiłem głównie radykalny punkt widzenia psychologa poznawczego Donalda Hoffmana. Ale z czym niewiele osób będzie się kłócić, to fakt, że obraz świata, który postrzegamy, jest niezwykle subiektywny. Widzimy tylko nieco zniekształcony model zbudowany przez nasz mózg.

Fizyk i okulista z XIX wieku, Hermann von Helmholtz, opisał mechanizm tego zjawiska, podsumowując, że nie patrzymy na rzeczywistość, ale na model rzeczywistości stworzony przez nasz mózg. Model świata jest naszą wewnętrzną rzeczywistością. Jak naprawdę wygląda rzeczywistość zewnętrzna poza naszymi zmysłami, to wielkie pytanie.

Odkryliśmy jednak, że mamy dostęp do rzeczywistości zewnętrznej poprzez matematykę. Twoje postrzeganie mówi ci, że patrzysz na solidny kamień, ale jego matematyczny opis pokazuje, że kamień składa się głównie z pustej przestrzeni między cząstkami, które stale wibrują. Wierzymy opisowi matematycznemu bardziej niż subiektywnym uczuciom, w przeciwnym razie nie zbudowalibyśmy nowoczesnej cywilizacji z jej technologiami.

Dlaczego rzeczywistość zewnętrzna jest opisywana przez matematykę? To pytanie dręczy ludzi od tysiącleci i dziś jest bardziej aktualne niż kiedykolwiek. Czy matematyka jest wynalazkiem czy odkryciem? Czy możemy powiedzieć, że matematyka istnieje niezależnie od ludzkiego umysłu? Czy odkrywamy prawdy matematyczne, jak nowe wyspy i kontynenty, czy też matematyka jest tylko ludzkim wynalazkiem, narzędziem?

Pytanie o naturę matematyki jest ściśle związane z pytaniem o istnienie Boga. Matematyka i fizyka są często postrzegane jako dwie różne dyscypliny. Jednak Max Tegmark proponuje ideę, że cały nasz świat fizyczny jest gigantycznym obiektem matematycznym. Problem skuteczności matematyki pojawia się tylko wtedy, gdy uważamy je za różne dyscypliny. Jeśli są one jednym i tym samym, wszystko układa się w całość.

Platonizm i Rzeczywistość

Przekonanie, że obiekty matematyczne istnieją w rzeczywistości i są bardziej realne niż to, co widzimy, sięga Platona. Platonizm twierdzi, że formy matematyczne nie istnieją w taki sam sposób jak zwykłe obiekty fizyczne. Nie mają one położenia przestrzennego i nie istnieją w czasie.

Max Tegmark uważa, że wszystkie struktury są równoważne, a zatem struktury matematyczne są rzeczywistością. Cząstki subatomowe nie są obiektami stałymi, ale tylko skupiskami właściwości matematycznych. Sama przestrzeń naszego świata fizycznego jest czysto matematycznym obiektem.

Multiwersum Poziomu IV to inna rzeczywistość, która odpowiada różnym fundamentalnym prawom fizyki i jest rządzona przez różne równania matematyczne. Jeśli na najniższym poziomie rzeczywistość jest strukturą matematyczną, to jej części składają się z relacji między blokami matematycznymi, a nie z ich właściwości.

Być może najbardziej zaskakujące jest to, że wszechświat, pomimo swojej złożoności, może być opisany prostym wzorem matematycznym. Podobnie jak w przypadku zbioru Mandelbrota, który jest opisany wzorem $Z = Z^2 + C$, złożoność wszechświata może być wynikiem tak prostych wyrażeń matematycznych.

Pytanie o to, jak ludzkość wpisuje się w ten matematyczny obraz świata, pozostaje otwarte. Być może jesteśmy częścią większej struktury matematycznej, która przejawia się poprzez prawa fizyki, a nasze zrozumienie tego pomoże nam lepiej zrozumieć siebie i wszechświat, w którym żyjemy.

Czym jest człowiek według Maxa Tegmarka?

Max Tegmark, w swojej hipotezie wszechświata matematycznego, uważa człowieka za złożony wzór matematyczny w kontinuum czasoprzestrzennym. Według Tegmarka, nasza świadomość i postrzeganie świata są wynikiem interakcji złożonych procesów informacyjnych w mózgu. Te procesy pozwalają naszemu mózgowi tworzyć modele świata i nas samych, wchodząc z nimi w interakcje.

Główne punkty Tegmarka dotyczące natury ludzkiej obejmują następujące aspekty:

- **Świadomość i materia:** Tegmark przyznaje, że nie jest jeszcze jasne, jak dokładnie materia fizyczna daje początek świadomości. Rozważa jednak możliwość stworzenia w przyszłości teorii świadomości tak holistycznej i przekonującej, jak teoria elektromagnetyzmu.
- **Połączenie matematyczne:** Tegmark wskazuje, że świadomość ma jakiś tajemniczy mechanizm dostępu do świata matematycznego. Mechanizm ten albo otwiera, albo tworzy i formułuje bogactwo abstrakcyjnych form i pojęć matematycznych.
- **Ewolucja zdolności matematycznych:** Zauważa, że nawet zwierzęta mają podstawowe zdolności matematyczne, a te zdolności są wrodzone i rozwijają się pod presją doboru naturalnego. Jednak ludzkie zdolności matematyczne znacznie przekraczają umiejętności niezbędne do przetrwania.
- **Matematyka i świat fizyczny:** Tegmark zastanawia się, jak prawa matematyczne opisują świat fizyczny z taką dokładnością i dlaczego te prawa mają taką złożoność i piękno.
- **Cztero-wymiarowa czasoprzestrzeń:** Zgodnie z teorią względności, każdy punkt przeszłości, teraźniejszości i przyszłości istnieje naprawdę, a zatem obiekty takie jak Ziemia i Księżyc tworzą niezmienne wzorce w czasoprzestrzeni. Ludzkie wzorce czasoprzestrzenne są najbardziej złożone w obserwowalnym wszechświecie.
- **Mechanika kwantowa:** Tegmark rozważa również wpływ mechaniki kwantowej, gdzie każdy z nas może rozgałęziać się

na wiele gałęzi, tworząc piękny wzór w nieskończonym wszechświecie matematycznym.
- **Świadomość jako przetwarzanie informacji:** Według Tegmarka, świadomość jest sposobem, w jaki informacja czuje, że jest przetwarzana pewnymi złożonymi metodami. Występuje ona, gdy model ciebie samego w twoim mózgu wchodzi w interakcję z modelem świata w tym samym mózgu lub z samym sobą.

Hipoteza Maxa Tegmarka o wszechświecie matematycznym, która stwierdza, że rzeczywistość fizyczna jest strukturą matematyczną, napotyka na wyzwania dotyczące jej weryfikacji i falsyfikacji.

Falsyfikacja hipotezy

Tegmark zauważa, że hipotezę można uznać za sfalsyfikowaną, jeśli fizycy, nawet nie mając pełnego opisu rzeczywistości fizycznej, przestaną znajdować matematyczne wzorce w naturze. Innymi słowy, jeśli okaże się, że prawa i zjawiska fizyczne nie poddają się opisowi matematycznemu, będzie to poważny argument przeciwko jego hipotezie.

Hipoteza Tegmarka dotycząca multiwersów ma swoich krytyków, którzy wysuwają silne argumenty przeciwko niej. W szczególności, krytycy wskazują na trudności empirycznego testowania hipotezy, brak dowodów obserwacyjnych i inne problemy teoretyczne.

Tegmark odpowiada na tę krytykę, przyznając, że wszystkie te stwierdzenia mają miejsce, ale nadal wierzy w prawdziwość swojej hipotezy i jest gotów zaryzykować całą swoją własność, obstawiając istnienie multiwersów.

Tegmark podkreśla, że matematyka jest wielką tajemnicą, którą musimy jeszcze rozwikłać. Wskazuje, że w historii różnych ludów magia była złożonym systemem wiedzy, który dawał adeptom specjalne zdolności. Jeśli zastąpimy słowo "magia" słowem "matematyka", to jego stwierdzenie o poziomie okultystycznym rzeczywistości, który można ujarzmić, pozostanie aktualne.

Hipoteza Tegmarka, choć spotyka się ze znaczną krytyką, pozostaje ciekawą koncepcją, która wzbudza dyskusje na temat natury rzeczywistości i roli matematyki w jej opisie. Zachęca naukowców i filozofów do myślenia o głębokim związku między strukturami matematycznymi a rzeczywistością fizyczną, nawet jeśli jej ostateczna weryfikacja pozostaje trudnym zadaniem.

Rozdział 6: Kwantowa Świadomość

Problem Kwantowej Teorii Świadomości: Nauka czy Mistycyzm?

Nauka zawsze balansuje na krawędzi między znanym a nieznanym, między udowodnionymi faktami a śmiałymi hipotezami. Historia nauki jest pełna przykładów idei, które kiedyś wydawały się absurdalne, ale później znalazły swoje potwierdzenie. I odwrotnie, niektóre pozornie atrakcyjne teorie okazały się fałszywe pod naporem nowych faktów.

Teoria kwantowej natury świadomości jest jedną z takich idei, która znajduje się na samym czele nauki. Oferuje ona radykalne spojrzenie na naturę naszego umysłu, łącząc go z najgłębszymi tajemnicami świata kwantowego. Jeśli ta teoria okaże się prawdziwa, zrewolucjonizuje nasze rozumienie nie tylko fizyki, ale także biologii, psychologii, a nawet filozofii.

Jednak ta idea ma skomplikowaną historię. Jej pojawienie się zbiegło się z powstaniem New Age i różnych ruchów mistycznych, co nadal rzuca cień na jej naukową reputację. Dla wielu ludzi kwantowa teoria świadomości stała się powodem do spekulacji na temat zjawisk paranormalnych i życia po śmierci, odciągając ją od poważnej dyskusji naukowej.

Ale ostatnie badania fizyków badających efekty kwantowe w układach biologicznych dały nowy impuls tej teorii. Pokazali oni, że procesy kwantowe mogą odgrywać ważną rolę w funkcjonowaniu żywych organizmów, w tym być może naszego mózgu (Odniesienie 26). Otwiera to drzwi do nowych eksperymentów i obserwacji, które mogą potwierdzić lub obalić kwantową teorię świadomości.

W tej sekcji postaramy się zrozumieć istotę tej teorii, rozważyć jej mocne i słabe strony oraz przeanalizować najnowsze dane naukowe, które mogą rzucić światło na jej prawdziwość. Zagłębimy się w świat fizyki kwantowej i neurobiologii, aby zrozumieć, jak te dwa pozornie odległe obszary wiedzy mogą się przecinać w najbardziej intymnym aspekcie naszego bytu - naszej świadomości.

Obliczalność mózgu i świadomości: Czy jesteśmy tylko złożonymi algorytmami?

Z punktu widzenia współczesnej nauki mózg jest jak szef kuchni: otrzymuje informacje, przetwarza je według określonego "przepisu" (algorytmu) i produkuje wynik - nasze myśli, uczucia, emocje. Takie podejście nazywa się obliczeniową teorią umysłu. Stało się ono podstawą rozwoju sztucznej inteligencji i technologii komputerowych, ale czy naprawdę w pełni wyjaśnia naturę świadomości i myślenia?

Roger Penrose, wybitny fizyk i matematyk, zakwestionował to. Zwrócił uwagę na fakt, że w każdym systemie, w którym działa matematyka, istnieją prawdziwe stwierdzenia, których nie można udowodnić w ramach tego systemu. Dotyczy to również komputerów, które działają zgodnie z algorytmami opartymi na matematyce i logice. Ale ludzki mózg jest w stanie intuicyjnie uchwycić takie prawdy, nawet bez formalnego dowodu. Na przykład, postrzegamy jako oczywisty aksjomat, że przez każde dwa punkty można poprowadzić prostą, chociaż nie można tego udowodnić w ramach geometrii euklidesowej.

Doprowadziło to Penrose'a do idei, że procesy świadome w mózgu - myślenie, poznanie - nie są algorytmiczne. Nie wynikają one z klasycznych obliczeń, ale opierają się na pewnych innych zasadach.

I tutaj na scenę wkracza mechanika kwantowa. Penrose zasugerował, że to właśnie efekty kwantowe zachodzące w mózgu mogą być odpowiedzialne za niealgorytmiczny charakter świadomości. Ta idea, znana jako kwantowa teoria świadomości, wywołała wiele kontrowersji i krytyki, ale także otworzyła nowe obszary badań na styku fizyki, biologii i neuronauki.

Niedawne odkrycia fizyków badających efekty kwantowe w układach biologicznych dostarczyły nowych argumentów na korzyść tej teorii. Pokazali oni, że procesy kwantowe mogą odgrywać ważną rolę w funkcjonowaniu żywych organizmów, a to zmusza nas do ponownego rozważenia naszego rozumienia świadomości i jej związku ze światem fizycznym.

Kwantowy skok Penrose'a: Świadomość z głębi świata kwantowego

Penrose oferuje nam śmiałą hipotezę: świadomość i myślenie nie są produktem klasycznych obliczeń, ale powstają z głębi świata kwantowego, gdzie panują zupełnie inne prawa.

W mechanice kwantowej spotykamy się ze zjawiskami, które wymykają się opisowi klasycznej logiki. Tutaj niemożliwe jest przewidzenie wyniku zdarzenia z absolutną pewnością i to właśnie ta nieprzewidywalność, zdaniem Penrose'a, otwiera drzwi do procesów niealgorytmicznych, które leżą u podstaw świadomości.

Jeśli mózg jest tylko złożoną maszyną obliczeniową, to jest ograniczony tymi samymi ramami, co każdy komputer. Może wykonywać tylko te operacje, które są osadzone w jego algorytmach. Ale jeśli świadomość ma naturę kwantową, to wykracza poza te ograniczenia, otwierając możliwości intuicyjnego zrozumienia prawd, których nie można udowodnić logicznie.

Ta idea ma daleko idące implikacje. Jeśli Penrose ma rację, to stworzenie prawdziwej sztucznej inteligencji, która posiada świadomość, będzie wymagało nie tylko potężniejszych komputerów, ale zasadniczo nowych technologii opartych na zasadach kwantowych.

Ale jak przetestować tę hipotezę? Jak zajrzeć do kwantowego świata mózgu i zobaczyć tam ślady świadomości? To jeden z głównych problemów kwantowej teorii świadomości.

Niestety, prawie nie obserwujemy efektów kwantowych w świecie makroskopowym, do którego należy również nasz mózg. Zjawiska kwantowe zwykle manifestują się tylko na poziomie pojedynczych atomów i cząsteczek i wydaje się niewiarygodne, że mogłyby one wpływać na złożone procesy myślenia i percepcji.

Ale niektórzy naukowcy uważają, że jest to możliwe. Szukają śladów procesów kwantowych w mózgu, próbując znaleźć związek między nimi a świadomością. Jest to złożone i ambitne zadanie, ale jego pomyślne rozwiązanie mogłoby doprowadzić do prawdziwej rewolucji w naszym rozumieniu ludzkiego umysłu.

Mózg - Wrogie środowisko dla efektów kwantowych

Zjawiska kwantowe są delikatnymi kwiatami, które wymagają specjalnej troski. Aby je obserwować w laboratorium, naukowcy budują złożone i drogie instalacje, w których cząstki kwantowe są izolowane od wszelkich wpływów zewnętrznych. Tworzą próżnię, schładzają układy do temperatur bliskich zera absolutnego i chronią je przed najmniejszymi wibracjami i polami elektromagnetycznymi.

Mózg, przeciwnie, jest ciepłym, wilgotnym i hałaśliwym środowiskiem, w którym efekty kwantowe, nawet jeśli się pojawią, są natychmiast niszczone. To tak, jakby próbować zbudować domek z kart w wagonie kolejki górskiej na pełnej prędkości.

Max Tegmark obliczył nawet, że efekty kwantowe w mózgu mogą istnieć tylko przez niewiarygodnie krótkie okresy - około 10^{-13} sekundy. Oznacza to, że każdy proces kwantowy w mózgu zostanie zniszczony, zanim będzie mógł wpłynąć na nasze myśli lub uczucia.

Dlatego idea, że świadomość powstaje z procesów kwantowych w mózgu, wydaje się wielu naukowcom mało prawdopodobna. Jak tak kruche zjawiska mogą odgrywać znaczącą rolę w złożonym i chaotycznym systemie, jakim jest nasz mózg?

Jednak ostatnie badania pokazują, że efekty kwantowe mogą być ważniejsze dla żywych organizmów, niż wcześniej sądziliśmy. Odgrywają one kluczową rolę w fotosyntezie, pomagają ptakom nawigować za pomocą pola magnetycznego Ziemi (o czym pisałem na początku książki), a być może nawet uczestniczą w pracy naszego mózgu.

Chociaż te odkrycia nie dowodzą kwantowej teorii świadomości, zmuszają nas do ponownego rozważenia naszego rozumienia roli mechaniki kwantowej w biologii i neuronauce. Być może mózg wciąż znalazł sposób na wykorzystanie efektów kwantowych do stworzenia świadomości, pomimo wszystkich przeszkód.

To pytanie pozostaje otwarte i wymaga dalszych badań. Ale nawet jeśli kwantowa teoria świadomości okaże się fałszywa, już teraz skłoniła nas do myślenia o głębokich powiązaniach między światem kwantowym a tajemnicami naszego umysłu.

Eksperymenty na korzyść kwantowej teorii świadomości: Nowe odkrycia i śmiałe hipotezy

Nawet jeśli efekty kwantowe występują w mózgu, jak mogą one wpływać na świadomość w tak "hałaśliwym" środowisku? Ten problem od dawna był kamieniem węgielnym dla kwantowej teorii świadomości. Jednak ostatnie badania otwierają nowe możliwości.

Anestezjolog Stuart Hameroff zwrócił uwagę na interesujący fakt: ksenon, gaz obojętny, który jest chemicznie nieaktywny, okazuje się być skutecznym środkiem znieczulającym. Penrose i Hameroff zasugerowali, że ksenon może wpływać na hipotetyczne stany kwantowe w mózgu, tym samym "wyłączając" świadomość. Ta idea została częściowo potwierdzona przez chińskich badaczy, którzy wykazali, że izotopy ksenonu z nieparzystą liczbą neutronów działają słabiej niż te z parzystą liczbą. To odkrycie można wyjaśnić tylko za pomocą mechaniki kwantowej.

Mikrotubule i superradiancja:

Mikrotubule to struktury białkowe, które pełnią różne funkcje w komórkach, w tym transport substancji i utrzymanie kształtu komórki.

W mózgu mają one specjalną strukturę i niektórzy naukowcy uważają, że mogą być one miejscem występowania efektów kwantowych.

Niedawne badanie wykazało, że mikrotubule w roztworze w temperaturze pokojowej są zdolne do superradiancji - efektu kwantowego, w którym grupa atomów lub cząsteczek emituje światło kolektywnie, znacznie zwiększając jego intensywność. To wskazuje, że efekty kwantowe mogą występować w strukturach biologicznych nawet w normalnych warunkach.

Penrose i Hameroff sugerują, że splątanie kwantowe między dużą liczbą mikrotubul w mózgu jest niezbędne do powstania świadomości. Oznacza to, że muszą one działać jako pojedynczy układ kwantowy, co jest niezwykle trudne do wyobrażenia w warunkach ciepłego i wilgotnego mózgu.

Jednak badanie superradiancji wykazało, że im więcej mikrotubul w układzie, tym bardziej stabilny jest efekt kwantowy. Może to wskazywać, że mózg jednak znalazł sposób na stworzenie i utrzymanie splątania kwantowego na poziomie makroskopowym.

Następny krok: Testowanie Kwantowej Teorii Świadomości

Kolejny etap badań nad kwantową teorią świadomości przenosi nas w ekscytujący świat organoidów mózgowych - maleńkich skupisk neuronów hodowanych w probówkach. Organoidy te, choć nie są pełnoprawnymi mózgami, wykazują złożoną aktywność neuronalną porównywalną ze złożonością mózgu noworodka.

Naukowcy planują przetestować różne izotopy ksenonu na tych organoidach, aby zobaczyć, jak wpłyną one na ich aktywność. Jeśli różne izotopy będą miały różne efekty, może to być kolejny dowód na to, że procesy kwantowe odgrywają rolę w funkcjonowaniu mózgu.

Należy jednak zrozumieć, że nawet takie eksperymenty nie dadzą ostatecznej odpowiedzi na pytanie o kwantową naturę świadomości. Organoidy mózgowe, choć złożone, nadal nie mają doświadczeń sensorycznych i pamięci, które są integralnymi składnikami świadomości.

Niemniej jednak, te badania otwierają nowe możliwości badania związku między procesami kwantowymi a aktywnością mózgu. Jeśli uda się udowodnić, że efekty kwantowe rzeczywiście wpływają na funkcjonowanie mózgu, może to doprowadzić do rewolucyjnych przełomów w medycynie i neuronauce.

Wyobraź sobie, że moglibyśmy wykorzystać technologie kwantowe do leczenia chorób takich jak Alzheimer czy depresja, bezpośrednio wpływając na procesy kwantowe w mózgu. Albo nawet tworzyć nowe formy doświadczenia subiektywnego, które nie są dostępne dla nas w normalnym stanie.

Oczywiście, to wciąż tylko fantazje, ale pokazują one ogromny potencjał kwantowej teorii świadomości. Nawet jeśli nie odpowiada ona na wszystkie nasze pytania, to już teraz stymuluje nowe badania i odkrycia, które mogą zmienić nasze rozumienie nas samych i otaczającego nas świata. Badania w tej dziedzinie rozwijają się szybko, więc w momencie publikacji książki były to najbardziej aktualne informacje.

Rozdział 7: Rewolucja Kwantowa: Świat jako Informacja Kwantowa

W poszukiwaniu znaczenia świata kwantowego

Jeśli kiedykolwiek słyszeliście, że interpretacja wieloświatowa mechaniki kwantowej dominuje w kręgach naukowych, wiedzcie, że ta informacja jest przestarzała. Dziś na pierwszy plan wysuwa się nowa, szybko zyskująca na popularności, interpretacja informacyjna.

Zgodnie z najnowszymi sondażami, zajmuje ona drugie miejsce pod względem ważności, proponując rewolucyjną ideę: nasz świat na poziomie fundamentalnym jest zbiorem wydobytych informacji kwantowych. Wszechświat, zatem, nie jest rozbity na części fizyczne, ale na bity informacji kwantowej.

Gwałtowny wzrost popularności interpretacji informacyjnej wiąże się z początkiem nowej ery - drugiej rewolucji kwantowej. Dzięki przełomom technologicznym w dziedzinie manipulowania obiektami splątanymi, technologie kwantowe kontrolowane przez pojedyncze cząstki stopniowo wkraczają w nasze życie. Komputery kwantowe są najlepszym przykładem takich technologii.

Głównym osiągnięciem wszystkich tych, którzy chcieli udowodnić wierność mechaniki kwantowej, jest to, że poszerzyli nasze możliwości technologiczne w tworzeniu i manipulowaniu splątanymi obiektami kwantowymi. Prawdopodobnie najbardziej utytułowanym współczesnym eksperymentatorem kwantowym jest Anton Zeilinger, który przeprowadził eksperymenty z ogromnymi cząsteczkami fulerenu, teleportacją stanu kwantowego, kryptografią kwantową i dziesiątkami innych imponujących eksperymentów. Praca tych trzech naukowców (Clauser, Aspect i Zeilinger, za którą otrzymali Nagrodę Nobla w 2022 roku), ich grup badawczych i wielu innych naukowców doprowadziła do tego, że około 10 lat temu ludzkość weszła w nową erę zwaną drugą rewolucją kwantową - erę, w której technologie kwantowe kontrolowane przez złożone systemy kwantowe na poziomie pojedynczych cząstek, takie jak komputery kwantowe, będą stopniowo wprowadzane w nasze życie.

Innymi słowy, zrozumienie, że stan kwantowy może być transmitowany poza ramy fizyki klasycznej, oraz zrozumienie, że technologie kwantowe, wraz z informatyką kwantową, są już wprowadzane w nasze życie - to dwie kolejne ważne rzeczy w kontekście współczesnych interpretacji mechaniki kwantowej.

Jestem pewien, że wielu z was słyszało historię, że według pewnego sondażu interpretacja wieloświatowa staje się coraz bardziej popularna wśród naukowców, zajmuje już drugie miejsce pod względem ważności i wkrótce wyprzedzi interpretację kopenhaską i stanie się dominująca. Otóż, to stwierdzenie opiera się na absolutnie niewiarygodnym i dawno nieaktualnym sondażu przeprowadzonym ponad 20 lat temu na jednej konferencji poświęconej mechanice kwantowej. Max Tegmark przeprowadził wśród uczestników ankietę na temat ich ulubionej interpretacji, w wyniku której interpretacja wieloświatowa otrzymała 17% głosów i zajęła drugie miejsce.

Jednak, jak sam przyznaje Tegmark, ankieta była dość nieformalna i nienaukowa, ponieważ na przykład kilka osób głosowało więcej niż raz, wielu wstrzymało się od głosu i tak dalej.

W każdym razie od tamtej ankiety minęło dużo czasu. Dziś za bardziej aktualny sondaż uważa się ten przeprowadzony przez Antona Zeilingera na zorganizowanej przez niego konferencji wśród fizyków, filozofów i matematyków zajmujących się mechaniką kwantową. Otóż, wyniki tego sondażu pokazują wyjątkowo imponujący obraz: na drugim miejscu po interpretacji kopenhaskiej nie jest interpretacja wieloświatowa, ale interpretacja oparta na informacji, czyli po prostu interpretacja informacyjna. A na trzecim miejscu jest znana interpretacja wieloświatowa, na czwartym - interpretacja obiektywnego kolapsu. No cóż, piąty stopień dzielą tzw. kubizm i relacyjna mechanika kwantowa.

Co mówią nam te wyniki? Po pierwsze, dają nam listę głównych współczesnych interpretacji, którym poświęcają uwagę czołowe postacie mechaniki kwantowej, co jest bardzo ważne, ponieważ jeśli zagłębimy się trochę głębiej w temat interpretacji, okazuje się, że są ich setki, jeśli nie tysiące. W końcu jest to głównie filozofia z dość otwartymi interpretacjami.

Po drugie, wyniki te pokazują praktycznie zerowe zainteresowanie interpretacjami ze zmiennymi ukrytymi, co jest konsekwencją twierdzenia Bella, które już omówiliśmy. A po trzecie, postęp technologiczny w dziedzinie manipulowania splątanymi obiektami kwantowymi, o którym ponownie dyskutowaliśmy, prowadzi do tego, że niewiarygodnie młoda grupa interpretacji informacyjnych dosłownie wdziera się do mechaniki kwantowej.

Interpretacja informacyjna mechaniki kwantowej

Kiedy mowa o interpretacjach informacyjnych, nie sposób pominąć wielokrotnie wspominanego dziś fizyka Antona Zeilingera, laureata Nagrody Nobla z 2022 roku, którego prace stały u podstaw narodzin tego kierunku interpretacji. Zdecydowanie sympatyzuje on z podejściem informacyjnym do mechaniki kwantowej. Co mówią niektóre z jego stwierdzeń?

Na przykład, mówi o tym, że na poziomie fundamentalnym nasz świat nie jest podzielony na części lub porcje fizyczne i chemiczne, ale na informacyjne. I w tym przypadku nie mówimy o jakimś abstrakcyjnym i niefizycznym pojęciu użytecznej informacji ze zwykłego życia, ale o konkretnej informacji o stanie kwantowym, którą możemy faktycznie wydobyć z nieokreślonego układu kwantowego. Na przykład, wydobyć informację o tym, gdzie znajduje się cząstka, jak szybko się porusza, jaka jest jej masa i tak dalej.

Innymi słowy, Zeilinger opisuje układ kwantowy jako zbiór możliwych do wydobycia informacji kwantowych, a ta informacja jest wydobywana za pomocą zwykłych pytań binarnych z odpowiedzią "tak-nie" lub "jeden-zero", czyli informacja zawiera tylko jeden bit informacji. I, jego zdaniem, to właśnie jeden bit informacji jest najbardziej fundamentalnym budulcem naszego świata.

Rozumiem, że w tej chwili wszystko to wydaje się kwantowo splątane. Jednak w kontekście rzeczywistych eksperymentów wszystko staje się znacznie jaśniejsze i prostsze. A co więcej, takie rzeczy jak nieoznaczoność kwantowa i splątanie kwantowe stają się absolutnie fizycznie logiczne.

Spin kwantowy i informacja

Pomimo tego, że rzeczywista czterowymiarowa natura spinu kwantowego jest znacznie bardziej interesująca, jest również znacznie bardziej złożona. Dlatego w ramach tego opisu wystarczy zrozumieć, że spin to orientacja osi obrotu cząstki elementarnej w przestrzeni, która może być skierowana albo w górę, albo w dół. Innymi słowy, jest to prosta informacja kwantowa, którą można wydobyć za pomocą następującego prostego pytania binarnego: "Czy spin jest skierowany w górę?".

Odpowiedź na takie pytanie będzie zawierała tylko jeden bit informacji: albo "tak" (jeden), albo "nie" (zero).

Bezpośrednie przesłuchanie układu kwantowego można przeprowadzić za pomocą klasycznego eksperymentu Sterna-Gerlacha: wiązka cząstek jest przepuszczana przez niejednorodne pole magnetyczne, powodując tym samym ich odchylenie w zależności od spinu. Spin z kolei może przyjmować różne wartości. Jednak po interakcji kierunek odchylenia przyjmuje tylko dwie wartości: albo w górę, albo w dół.

Tak więc, w ramach interpretacji informacyjnej, dzieje się tak dlatego, że z układu można wydobyć tylko jeden bit informacji. Innymi słowy, na nasze pytanie "Czy spin jest skierowany w górę?" otrzymamy około połowę odpowiedzi "tak", gdy odchylenie jest faktycznie w górę, a drugą połowę odpowiedzi "nie", gdy odchylenie jest w dół.

Jeśli jednak początkowo przygotujemy cząstkę o znanym spinie, powiedzmy w dół, oznacza to, że jeden bit dostępnej informacji został wydobyty jeszcze przed eksperymentem, przed przesłuchaniem układu kwantowego. W takim przypadku wynik odchylenia zawsze będzie taki sam - w dół. Ponieważ, jak powiedziałem, minimalny układ kwantowy może zawierać tylko jeden bit informacji.

I możesz powiedzieć: "Cóż, co to za nonsens i bicie piany? Jeśli coś wysłałem w dół, to będzie skierowane w dół. Jeśli wziąłem coś czerwonego, to będzie czerwone."

Nie spiesz się jednak z wnioskami, ponieważ w ramach mechaniki kwantowej wszystkie najciekawsze rzeczy pojawiają się później.

Nieoznaczoność kwantowa i informacja

Rzeczywiście, najciekawsze dzieje się, gdy zdecydujemy się zmienić nasze pytanie dla przygotowanej cząstki ze spinem w dół i obrócić układ o 90°. Teraz, gdy dokonujemy pomiarów, zadajemy układowi kwantowemu inne pytanie: "Czy odchylasz się w lewo czy w prawo?".

Biorąc pod uwagę, że ostatnim razem, z dostępną informacją o spinie, uzyskaliśmy ten sam wynik (w dół), w tym przypadku również spodziewamy się zobaczyć jeden konkretny wynik: albo w lewo, albo w prawo. Tak jakbyśmy wystrzeliwali nie obiekt kwantowy, ale jakiś magnes.

Jednak tak się nie dzieje. Cząstki ponownie zaczynają odchylać się w absolutnie losowy sposób, demonstrując tym samym tzw. zasadę nieoznaczoności kwantowej.

Tak więc, w ramach rozumowania Antona Zeilingera, dzieje się tak dlatego, że jedyny bit informacji układu kwantowego został już przypisany i wydany na początkowe określenie spinu w dół. Układ kwantowy jednej cząstki po prostu nie może zawierać kolejnego bitu informacji z odpowiedzią na pytanie "lewo czy prawo?". Dlatego ponownie przechodzi w stan nieokreślony z losowym wynikiem: lewo lub prawo.

Innymi słowy, nowy pomiar przepisuje lub ponownie przypisuje jedyny bit wydobytej informacji z "góra-dół" na "lewo-prawo". Co więcej, takie podejście do mechaniki kwantowej czyni inne zjawiska kwantowe fizycznie logicznymi, na przykład dualizm korpuskularno-falowy w eksperymencie z podwójną szczeliną, gdy emitowana cząstka, wykazująca właściwość fali, natychmiast i nielokalnie zapada się do tylko jednej określonej wartości, równoważnej jednemu bitowi. Lub, na przykład, splątanie kwantowe, w którym, poznając spin jednej cząstki, natychmiast i nielokalnie poznajemy spin innej cząstki splątanej z nią.

Dekoherencja i kolaps informacyjny

Podejście informacyjne wyjaśnia również dekoherencję kwantową - proces, w którym układy kwantowe tracą swoje właściwości kwantowe i przechodzą do stanu klasycznego. Informacja kwantowa "rozprzestrzenia się" w całym środowisku, uniemożliwiając systemowi utrzymanie superpozycji kwantowej. To wyjaśnia, dlaczego nie obserwujemy efektów kwantowych w życiu codziennym, gdzie systemy stale oddziałują z otoczeniem.

Teoria obiektywnego kolapsu i grawitacja

Teoria obiektywnego kolapsu oferuje alternatywne wyjaśnienie kolapsu funkcji falowej, łącząc go z grawitacją. Model Penrose'a, w szczególności, sugeruje, że różne stany kwantowe obiektu tworzą różne pola grawitacyjne. Te pola grawitacyjne, nałożone na siebie, prowadzą do niestabilności, która powoduje kolaps funkcji falowej i przejście obiektu do jednego konkretnego stanu.

Model Penrose'a jest szczególnie intrygujący, ponieważ oferuje możliwość połączenia mechaniki kwantowej i ogólnej teorii względności - dwóch fundamentalnych teorii fizyki, które nie zostały jeszcze pogodzone. Jeśli grawitacja naprawdę odgrywa kluczową rolę w kolapsie funkcji falowej, mogłoby to otworzyć drogę do stworzenia teorii grawitacji kwantowej, która opisywałaby grawitację na poziomie kwantowym.

Interpretacje mechaniki kwantowej: filozofia czy nauka?

Istnieje wiele interpretacji mechaniki kwantowej, z których każda oferuje własny pogląd na naturę rzeczywistości. Ale czy te interpretacje są tylko koncepcjami filozoficznymi, czy też mogą mieć rzeczywiste implikacje naukowe? Niektóre interpretacje, takie jak teoria obiektywnego kolapsu, czynią konkretne przewidywania, które mogą być testowane eksperymentalnie. Rodzi to pytanie, czy w ogóle potrzebujemy interpretacji, czy też możemy po prostu polegać na aparacie matematycznym mechaniki kwantowej i danych eksperymentalnych.

Rozdział 8: Grawitacja Kwantowa

Upadek w Otchłań

Wszyscy słyszeliśmy o problemie grawitacji kwantowej. Sto lat prób ujednolicenia mechaniki kwantowej i ogólnej teorii względności nie powiodło się. Naukowcy podzielili się na trzy obozy, każdy z własną prawdą. Ale co, jeśli wszyscy się mylą? Co, jeśli grawitacja nie jest fundamentalną siłą, ale konsekwencją czegoś głębszego, ukrytego w samej strukturze rzeczywistości?

Ten rozdział zaprasza Cię w ekscytującą podróż na sam kraniec zrozumienia Wszechświata. Wyruszymy w czarną dziurę, aby odkryć tajemnice informacji kwantowej i entropii, a być może całkowicie przemyśleć nasze rozumienie grawitacji i samej natury kosmosu.

Ale najpierw musimy odświeżyć naszą wiedzę o czarnych dziurach. Większość ludzi wyobraża je sobie jako obszary zakrzywionej czasoprzestrzeni, gdzie grawitacja jest tak silna, że nawet światło nie może uciec. To prawda, ale to nie wyjaśnia istoty. Czym jest grawitacja? Dlaczego światło nie może opuścić czarnej dziury?

Aby zrozumieć czarne dziury, musimy zwrócić się do ogólnej teorii względności Einsteina. Wiele osób uważa, że chodzi o zakrzywienie przestrzeni, ale to uproszczenie. Nikt nie wie, z czego zrobiona jest przestrzeń. Ogólna teoria względności opisuje, jak materia i energia wpływają na geometrię czasoprzestrzeni, tworząc to, co postrzegamy jako grawitację.

Czarna dziura w ramach ogólnej teorii względności to nie tylko zakrzywiony obszar, ale ruch siatki współrzędnych do punktu koncentracji energii. Jeśli umieścisz obiekt na takiej siatce, będzie on poruszał się w kierunku tego punktu, nawet jeśli jest w spoczynku w przestrzeni. To jest grawitacja - ruch wzdłuż zakrzywionej siatki czasoprzestrzeni.

Horyzont Zdarzeń

Kluczową cechą czarnej dziury jest horyzont zdarzeń. To granica, poza którą nawet światło nie może uciec. Ale co dzieje się z informacją, która wpada poza horyzont? Zgodnie z fizyką klasyczną, znika ona na zawsze, naruszając jedno z podstawowych praw Wszechświata - prawo zachowania informacji.

Stephen Hawking zaproponował rozwiązanie tego problemu - promieniowanie Hawkinga. Czarne dziury powoli wyparowują, emitując energię, a ta energia niesie informacje o tym, co wpadło do czarnej dziury. Ale jak to możliwe? Jak informacja zakodowana w trójwymiarowym obiekcie może być przechowywana na dwuwymiarowej powierzchni horyzontu zdarzeń?

Odpowiedź leży w zasadzie holograficznej, którą częściowo opisałem w poprzednim rozdziale - jednej z najbardziej niesamowitych idei współczesnej fizyki. Stwierdza ona, że informacje o trójwymiarowym obiekcie mogą być w pełni zakodowane na dwuwymiarowej powierzchni go otaczającej. To jak hologram, który tworzy iluzję trójwymiarowego obrazu, mimo że w rzeczywistości jest to tylko dwuwymiarowy film.

Zasada holograficzna sugeruje, że nasz Wszechświat może być hologramem, gdzie wszystkie informacje o trójwymiarowej przestrzeni są zakodowane na dwuwymiarowej granicy. To radykalna idea, która wywraca nasze rozumienie rzeczywistości. Ale jaki ma to związek z grawitacją?

Entropia i grawitacja

W tym miejscu do gry wkracza entropia - miara nieporządku lub informacji w systemie. Entropia zawsze dąży do wzrostu, a ta tendencja może być siłą napędową grawitacji.

Wyobraź sobie powierzchnię horyzontu zdarzeń czarnej dziury. Kiedy obiekt wpada do czarnej dziury, jego informacja jest kodowana na tej powierzchni, zwiększając jej entropię. Ten wzrost entropii tworzy siłę, którą postrzegamy jako grawitację.

Ta idea, znana jako grawitacja entropiczna, oferuje zupełnie nową perspektywę na naturę grawitacji. Łączy ona grawitację z informacją kwantową i entropią, otwierając drogę do ujednolicenia mechaniki kwantowej i ogólnej teorii względności.

Grawitacja entropiczna to nie tylko nowa teoria grawitacji. To nowy obraz Wszechświata, w którym grawitacja nie jest fundamentalną siłą, ale konsekwencją dążenia informacji do zwiększenia entropii.

Ten obraz może wyjaśnić nie tylko grawitację, ale także ciemną materię i ciemną energię - dwie największe tajemnice współczesnej kosmologii. Ciemna materia może być przejawem entropii związanej z informacją zakodowaną na granicy Wszechświata. Ciemna energia, która przyspiesza ekspansję Wszechświata, może być konsekwencją wzrostu entropii samego Wszechświata.

Czarna dziura i informacja

W wyniku ruchu samej współrzędnej, zacznie się ona przesuwać w kierunku koncentracji energii. W rzeczywistości takie przemieszczenie jest tym, co nazywamy grawitacją lub siłą grawitacji. Zwykłe obiekty materialne, takie jak planety czy gwiazdy, stawiają opór takiemu ruchowi.

Jednak z punktu widzenia czarnej dziury sprawy mają się nieco inaczej. Powstaje ona w momencie, gdy koncentracja energii jest tak duża, że prędkość ruchu siatki lub prędkość "ucieczki" współrzędnej zaczyna przekraczać prędkość światła.

Prowadzi to do powstania granicy zwanej horyzontem zdarzeń. Poza tą granicą każda kolejna współrzędna położona bliżej punktu koncentracji energii będzie "uciekać" do środka coraz szybciej i szybciej.

Oznacza to, że nawet informacja poruszająca się z maksymalną możliwą prędkością (na przykład światło) nigdy nie będzie mogła opuścić czarnej dziury po prostu dlatego, że same współrzędne, przez które się porusza, "uciekają" szybciej niż jej własna prędkość.

Wszystko, co przekroczy horyzont zdarzeń, jest skazane na upadek w osobliwość - punkt o nieskończonej gęstości i krzywiźnie czasoprzestrzeni.

Jednak ogólna teoria względności nie bez powodu tak się nazywa. Siatka współrzędnych jest raczej względnym narzędziem matematycznym, gdzie prawie wszystko zależy od punktu widzenia, a raczej od układu odniesienia. To, co dla jednego obserwatora wygląda jak upadek w czarną dziurę, dla innego może być zupełnie innym procesem.

Aby lepiej to zrozumieć, wyobraźmy sobie, że wysyłamy badacza w podróż do czarnej dziury. Nasz badacz będzie stale wysyłał nam sygnały, których będziemy używać jako rodzaj zegara.

Zbliżając się do czarnej dziury, zauważamy, że te sygnały przychodzą coraz rzadziej, jakby czas zwalniał dla badacza. Dzieje się tak z dwóch powodów.

Po pierwsze, grawitacja czarnej dziury zakrzywia czasoprzestrzeń, sprawiając, że odległość, którą sygnały muszą pokonać, jest większa. A ponieważ prędkość światła jest stała, większa odległość oznacza dłuższy czas podróży sygnału.

Po drugie, istnieje tzw. "przesunięcie ku czerwieni". Z powodu ruchu samej czasoprzestrzeni wokół czarnej dziury, fale świetlne są rozciągane, ich częstotliwość maleje, a one same przesuwają się w czerwoną część widma. To również prowadzi do tego, że sygnały docierają do nas rzadziej.

W miarę zbliżania się do horyzontu zdarzeń, efekty te nasilają się. Sygnały stają się coraz rzadsze, a potem całkowicie przestają nadchodzić. Z naszego punktu widzenia badacz zdaje się zamierać na krawędzi czarnej dziury, jego obraz spłaszczony i rozciągnięty w czasie.

Jak już powiedziałem, poruszające się światło, a raczej fotony, są ważne nie z punktu widzenia zobaczenia tego, co dzieje się na horyzoncie zdarzeń, ale z punktu widzenia tego, że odzwierciedlają one maksymalną możliwą prędkość rozchodzenia się informacji w przestrzeni. Jakiejkolwiek informacji.

Dla zewnętrznego Wszechświata oznacza to, że wszystkie informacje z dowolnego trójwymiarowego obiektu, który kiedykolwiek wpadł do czarnej dziury, zostaną zamrożone na dwuwymiarowej sferze horyzontu zdarzeń. Innymi słowy, zostaną one zakodowane na powierzchni horyzontu zdarzeń.

Co więcej, całkiem słusznie można powiedzieć, że z punktu widzenia zewnętrznego obserwatora, czyli nas, obszar poza horyzontem zdarzeń w ogóle nie istnieje. Dokładniej, nie ma obiektywnego sensu, aby o nim wnioskować, ponieważ jest mało prawdopodobne, aby jakakolwiek informacja lub jakiekolwiek zdarzenie mogło go opuścić. Właściwie dlatego ta granica nazywa się horyzontem zdarzeń.

Jednak ważne jest, aby nie zapominać, że taka właściwość jest tylko wynikiem faktu, że prędkość rozchodzenia się informacji ma ograniczenia.

Upadek w czarną dziurę z punktu widzenia obserwatora

Wyobraź sobie dwóch obserwatorów, Alicję i Boba. Alicja jest zawsze w spoczynku, a Bob oddala się od niej. Stało się coś zupełnie innego: najpierw Bob zauważył, że czas Wszechświata zaczął przyspieszać, a potem on również się zatrzymał, ponieważ przekroczył horyzont zdarzeń. W tym momencie, jak już powiedzieliśmy, każda kolejna współrzędna będzie poruszać się coraz szybciej i szybciej, więc informacje z otaczającego Wszechświata również nigdy do niej nie dotrą. Wszystko, co Bob zobaczy, to ściana ostatniego informacyjnego odcisku Wszechświata oddalającego się od niego.

Co stanie się z Bobem na końcu drogi, nie wiemy. Jednak w ramach ogólnej teorii względności jego droga powinna zakończyć się w osobliwości, w punkcie zerowym czasoprzestrzeni, gdzie zgodnie z prawami mechaniki kwantowej żaden obiekt materialny nie może istnieć. Innymi słowy, musi on zostać zniszczony, a czysta energia musi zostać przeniesiona do samej metryki lub obszaru czasoprzestrzeni.

W rzeczywistości, w ramach naszej dyskusji, to wszystko nie jest ważne. Coś zupełnie innego jest ważne. W rzeczywistości taka sytuacja informacyjna rodzi wiele paradoksów i całkowicie łamie nasze teorie naukowe. Czarna dziura to nawet nie papierek lakmusowy, ale ogromny wskaźnik o masie kilku milionów mas Słońca, że prawdopodobnie całkowicie się mylimy co do tego, jak działa Wszechświat. Co, w rzeczywistości, przyciąga uwagę ogromnej liczby naukowców i ludzi do badania tych obiektów.

To nie do końca prawda

Zawsze była i będzie to energia, która może się zamanifestować w świecie klasycznym tylko w postaci ich właściwości, w postaci właściwości cząstki lub fali. Co więcej, biorąc pod uwagę, że jest to minimalna porcja energii, istnieje ograniczony zestaw właściwości fizycznych, takich jak położenie, pęd, ładunek. A najważniejsze dla nas jest spin.

Więc spin, po nazwie którego znowu chcesz myśleć, że to jest obrót, nie jest obrotem. Przynajmniej dlatego, że obrót jest również składnikiem świata emergentnego. To znaczy, że kiedy piłka obraca się wokół swojej osi, w rzeczywistości nie ma obrotu, to tylko atomy jej struktury poruszają się po okręgu i to wszystko.

Z kolei nie ma fizycznej możliwości obracania prawdopodobnej energii. Nawet jeśli założymy, że jest to nadal klasyczna cząstka, to ze względu na niewielką skalę, prędkość kątowa dowolnego obrotu przekroczy prędkość światła, co również jest niemożliwe.

Spin jako moment pędu

Tak więc, w skrócie, moment pędu to pseudoosiła, która powstaje, gdy dowolny obiekt się obraca. Taka siła może objawiać się na różne sposoby, ale dla nas ważne jest to, że może ona przeciwstawiać się innej sile. Na przykład, bączek nie upada, ponieważ siła momentu pędu będzie silniejsza niż siła grawitacji na jego krawędziach.

Dlatego można sprawdzić, czy cząstka kwantowa się obraca, czy nie, oddziałując na nią jakąś siłą. Jeśli cząstka stawia jej opór, to się obraca, a jeśli nie, to się nie obraca.

Eksperyment Sterna-Gerlacha

Do tego najlepiej nadaje się standardowy eksperyment Sterna-Gerlacha z elektronami. Biorąc pod uwagę, że każdy elektron ma ładunek, musi on oddziaływać z polem magnetycznym i być odchylany. Jeśli występuje rotacja, to będzie ona stawiać opór takiemu zniekształceniu.

Aby to zrozumieć, zacznijmy najpierw od małych klasycznych magnesów. Jeśli wystrzelimy je z losową orientacją, to oddziałując z polem magnetycznym, ostatecznie utworzą one jednolity półkolisty wzór. Jeśli jednak magnesowi zostanie nadany wystarczający obrót, będzie on stawiał opór wpływowi pola magnetycznego. Na przykład, obrót poziomy spowoduje, że magnes będzie stawiał opór ruchowi w górę i w dół i będzie koncentrował się głównie w środku. Obrót pionowy przeciw kierunkowi ruchu doprowadzi do koncentracji na górze, a w kierunku ruchu - na dole. No i tak dalej.

Oznacza to, że gdy zaczynamy wystrzeliwać elektrony, oczekuje się, że jeśli nie ma obrotu, wzór będzie półkolisty. A jeśli jest obrót, będą się one koncentrować w jakimś miejscu i będą podzielone mniej więcej po równo w górę i w dół.

Co to oznacza?

Oznacza to, że elektron, który nie może mieć właściwości rotacji, ma właściwość momentu pędu, a taki moment jest ograniczony przez kierunek. W tym przypadku albo w górę, albo w dół. Oznacza to, że jeśli moment pędu obiektu klasycznego może być w dowolnym kierunku, to moment pędu obiektu kwantowego nie jest, jest dyskretny, jest kwantowy.

I tak naprawdę nie ma w tym nic nadprzyrodzonego. Jak już powiedziałem, mechanika kwantowa dotyczy minimalnych porcji czegoś, w tym kierunku momentu pędu. A biorąc pod uwagę, że nie możemy nawet określić dokładnego położenia cząstki, fakt, że nie możemy określić jej klasycznego obrotu, jest również całkiem normalny.

Spin jako pojęcie kwantowe

Ogólnie rzecz biorąc, spin to straszna rzecz dla nerdów, która nie ma analogii w świecie klasycznym, jakieś bardziej zrozumiałe wyjaśnienie w zwykłych kategoriach klasycznych bez abstrakcji matematycznych albo w ogóle nie istnieje, albo jest mi nieznane.

Rozkład pięćdziesiąt procent góra-dół wskazuje, że do momentu pomiaru nie ma sensu wierzyć, że kierunek został już określony, jest on w tzw. stanie superpozycji, czyli jednocześnie w górę i w dół. I dopiero po interakcji ze światem, czyli po interakcji z naszym układem eksperymentalnym, zostaje określona jakaś jedna wartość.

Co to wszystko oznacza?

Oznacza to, że w momencie interakcji ze światem klasycznym, nieokreślona informacja kwantowa (spin w górę, spin w dół) jest kodowana w jeden bit informacji świata klasycznego, czyli jest kodowana w jedną określoną wartość: albo w górę, albo w dół. Co w zasadzie jest identyczne z jednym lub zerem i nazywa się bitem kwantowym lub kubitem, czyli znowu, minimalną porcją informacji (którą opisałem w poprzednim rozdziale).

Prawdziwe Klasyczne Informacje

Jednakże, bardziej zdumiewający fakt polega na tym, że tak długo, jak nie wydobędziemy klasycznej informacji, możemy splątać stany kwantowe kubitów, możemy stworzyć zależność lub korelację między nimi. Powiedzmy spin w górę-w górę, w dół-w dół lub w górę-w dół. A kiedy znamy spin jednej cząstki, czyli wydobywamy bit informacji kwantowej, znamy spin drugiej ze stuprocentowym prawdopodobieństwem. Co więcej, określenie spinu drugiej cząstki następuje w tym samym momencie co pierwszej, czyli natychmiast. Nawet jeśli te cząstki są rozrzucone na różne krańce Wszechświata, ta zasada będzie zachowana, informacja kwantowa nadal będzie wydobywana natychmiast, jakby naruszając maksymalną prędkość propagacji informacji, o której mówiliśmy wcześniej.

Jednak to nie do końca prawda. Ograniczenia dotyczą tylko użytecznych klasycznych informacji, które składają się z więcej niż jednego bitu i mogą uczestniczyć w związkach przyczynowych. A tutaj, bez względu na to, jak to przekręcisz i co zrobisz, w rzeczywistości wydobywany jest tylko jeden bit, który sam w sobie nie może przenosić użytecznych klasycznych informacji.

Można by się sprzeciwić: "Cóż, kubit to dwa, więc powinny być wydobyte dwa bity informacji". I miałbyś rację. Jednak o to właśnie chodzi. W interpretacji noblisty Antona Zeilingera dzieje się tak dlatego, że drugi bit został już wydany na samo połączenie. A kiedy wydobywasz, oczywiście wydobywasz dwa bity, ale tylko jeden z nich jest użyteczny - kierunek spinu.

Dlatego nie ma problemów z przekroczeniem prędkości światła, prawdopodobnie nie ma żadnego ruchu. To jest fundamentalne połączenie informacyjne, którego po prostu nie można zerwać. A nawet jeśli założymy, że coś się rozprzestrzenia, to tylko kwantowe, a nie użyteczne informacje, które nie naruszają przyczynowości i do których nie mają zastosowania ograniczenia.

Ważne jest, aby zrozumieć, że jest to tylko interpretacja informacyjna. Nie możemy spojrzeć na poziom kwantowy i zobaczyć, co i jak tam się właściwie dzieje. Interpretacja wielu światów powiedziałaby, że żyjemy w jednym ze wszechświatów z określonym wynikiem. Kopenhaga powiedziałaby, że nie ma żadnych informacji aż do momentu pomiaru, tylko prawdopodobieństwo. I tak dalej.

Jednak splątanie kwantowe i istnienie dwóch oddzielnych systemów - klasycznego i kwantowego - jest faktem, który ma znacznie głębsze konsekwencje.

Jeśli kilkadziesiąt lat temu uważano, że przejście ze stanu kwantowego do klasycznego następuje natychmiast, to wzrost możliwości technologicznych do splątania nie tylko dwóch cząstek, ale coraz więcej, zmienił ten pomysł. Dziś naukowcy potrafią wprowadzić w stan superpozycji całe cząsteczki składające się z tysięcy atomów, które w porównaniu ze zwykłymi cząstkami kwantowymi są uważane za niewiarygodnie ogromne. Ale co ważniejsze dla nas, potrafią kontrolowanie i stopniowo przenosić układ ze stanu kwantowego do klasycznego, na przykład poprzez podgrzanie cząsteczki. Takie przejście nazywa się dekoherencją kwantową i zachodzi z powodu tego, że cząsteczka zaczyna emitować splątane z nią fotony, które z kolei zaczynają się stopniowo splątywać z niewiarygodną liczbą cząstek otaczającego klasycznego świata, zmniejszając tym samym niepewność stanu kwantowego.

Oznacza to, że w rzeczywistości cały nasz klasyczny świat jest ogromnym systemem wydobytego spinu. Ma to wiele głębokich implikacji. Na przykład, dlatego wielu naukowców twierdzi, że świat rodzi się z niczego. To oczywiście uproszczona konstrukcja. Jak już rozumiecie, nie rodzi się bezpośrednio z pustki, po prostu przed przejściem do stanu klasycznego te dwa systemy albo w ogóle nie są połączone użytecznymi informacjami, albo po prostu nie są zdefiniowane.

Lub, na przykład, jeśli cały nasz Wszechświat jest systemem splątanych stanów kwantowych, a my jesteśmy po prostu jego częścią, to ma on pewną objętość, która po prostu nie ma nic innego, z czym mogłaby się splątać. Oznacza to, że cały Wszechświat może znajdować się w stanie superpozycji, czyli w stanie, w którym jednocześnie istnieje kilka wszechświatów. Co w zasadzie jest prawidłowym poglądem interpretacji wielu światów, której funkcja falowa rozdziela się na samym początku jej istnienia.

Lub, na przykład, czy możemy uznać stworzony przez nas splątany układ kwantowy, choć niewiarygodnie mały, za oddzielny Wszechświat? W końcu, teoretycznie, znowu nie jest on informacyjnie powiązany z naszym klasycznym światem, ale jego kubity są powiązane ze sobą. A czym to się różni od połączonych kubitów naszego Wszechświata?

Ogólnie rzecz biorąc, takich konsekwencji jest w rzeczywistości wiele i aby je ujawnić, każda z nich powinna być oddzielną dużą sekcją. Teraz ważne jest, aby zdać sobie sprawę, że informacja to nie abstrakcyjne filozoficzne rozumowanie w kuchni, ale rzeczywisty naukowy przedmiot badań, który w zasadzie może wskazywać, jak działa nasz Wszechświat.

Wracając do naszych odkrywców czarnych dziur, a mianowicie do sytuacji, w której wszystkie informacje są zakodowane na sferze horyzontu zdarzeń białej dziury, możemy powiedzieć, że wszystko jest zupełnie inaczej. Teraz wiemy na pewno, że istnieje jakiś kwantowy, alternatywny rodzaj rozpowszechniania informacji i teraz możemy ominąć ograniczenie prędkości światła.

Oznacza to, że cały Wszechświat może być nie tylko zakodowany na jakiejś dwuwymiarowej sferze, ale może być zakodowany w postaci splątanego układu kwantowego, który z kolei jest splątany z układem kwantowym już trójwymiarowego świata.

A to, co postrzegamy jako przestrzeń, jest w rzeczywistości iluzją, która jest po prostu tworzona przez prędkość propagacji użytecznych informacji na dwuwymiarowej sferze lub przez entropię informacji. A taka struktura Wszechświata, lub taki jego model, nazywa się holograficznym Wszechświatem, lub zasadą holograficzną, o której już mówiliśmy.

Dlaczego więc ta zasada holograficzna jest tak ważna? Przecież dziesiątki tysięcy naukowców na całym świecie nie poświęcą swojego życia dla badania i rozwijania bezsensownych idei, a dlatego, że istnieją fundamentalne problemy Wszechświata, a mianowicie, że prawdopodobnie po prostu nie ma wystarczająco dużo miejsca we Wszechświecie, aby przechowywać klasyczne informacje, i że z jakiegoś powodu, po 100 latach prób, nie udało nam się skwantować grawitacji. A takie holograficzne podejście rozwiązuje te dwa problemy jednocześnie.

Mam szczerą nadzieję, że do tego momentu udało mi się naprawdę pokazać, że tendencja naukowców do rozważania Wszechświata z punktu widzenia informacji nie jest tylko pustym filozoficznym pomysłem, ale rzeczywistym przedmiotem badań, który ma swoje przyczyny i konsekwencje. Dlatego pytanie staje się oczywiste: ile w ogóle informacji jest w naszym Wszechświecie?

W rzeczywistości takie pytanie jest dość spekulatywne, chociażby dlatego, że nie znamy prawdziwych wymiarów Wszechświata, które mogą być nieskończone. Tak więc, tylko we Wszechświecie widzialnym istnieje około 500 miliardów galaktyk z bilionami i bilionami gwiazd, prawdopodobnie z innymi formami inteligentnego życia i zupełnie innymi metodami archiwizacji danych, ciemną energią, ciemną materią, a także niezliczonymi cząstkami, promieniowaniem i pyłem w przestrzeni międzygalaktycznej. Innymi słowy, po prostu niemożliwe jest obiektywne obliczenie wszystkich informacji Wszechświata.

Jednak nawet przybliżone oszacowanie może wskazywać na fundamentalną rozbieżność. W rzeczywistości jeden bit klasycznej informacji można zakodować w jednym sześcianie o krawędziach długości Plancka, w tak zwanej objętości Plancka. Bardzo często długość Plancka jest opisywana jako najmniejsza możliwa długość. Jednak to absolutnie nieprawda. Nie wiemy, czym jest przestrzeń. Jak możemy znać jej najmniejszy rozmiar?

W rzeczywistości długość Plancka nie pokazuje najmniejszego dyskretnego rozmiaru jakiejś długości, ale pokazuje maksymalną możliwą długość, którą można zmierzyć bez strat, czyli długość, która ma sens w ramach znanych, podkreślam znanych w danym momencie, praw natury.

Na przykład, jeśli chcesz zmierzyć długość mniejszą niż długość Plancka, będziesz potrzebował fotonu, którego długość fali jest również mniejsza niż długość Plancka. Jednak energia takiego fotonu będzie tak silna, że albo zagnie pod sobą metrykę i naruszy dokładność pomiaru, albo nawet na chwilę utworzy czarną dziurę. A w tak zakrzywionej czasoprzestrzeni nie jesteś w stanie zmierzyć ani czasu, ani energii, ani długości.

Innymi słowy, długość Plancka i objętość Plancka to najmniejsze wartości, które mają sens. Tak więc, szacowana objętość widzialnego Wszechświata wynosi 4x10 do potęgi 185 objętości Plancka, czyli cztery ze 185 zerami. To jest liczba niepojęta dla naszego mózgu, po prostu uwierz mi, to bardzo, bardzo dużo.

Ale jest też dużo widzialnej materii. Jeśli weźmiemy eksperymentalnie obliczoną średnią gęstość widzialnej materii, a raczej średnią liczbę atomów, to wynikowa liczba wyniesie około 10 do 80 potęgi. Na pierwszy rzut oka wydaje się, że ta liczba jest znacznie mniejsza. Jednak to tylko do momentu, gdy przypomnimy sobie, że jądro każdego atomu składa się z kilku protonów i neutronów. Wokół każdego jądra znajduje się co najmniej jeden elektron. Wszystkie cząstki są zasadniczo energią, a procent widzialnej materii to tylko 4% całej energii we Wszechświecie.

Co więcej, jak już się dowiedzieliśmy, czarne dziury kodują w sobie wszystkie informacje, które kiedykolwiek do nich wejdą. Nie znikają nigdzie, pozostają w naszym Wszechświecie. A taki potwór informacyjny o masie energii kilku milionów lub miliardów mas Słońca znajduje się w prawie każdej galaktyce.

Innymi słowy, nie ma potrzeby znać dokładnej liczby rzeczywistych informacji, ponieważ nawet przybliżone oszacowanie pokazuje, że liczby mogą się ogromnie różnić.

Rozumiem wszystkich tych, którzy nie są entuzjastycznie nastawieni do takich pytań i którym trudno to zrozumieć. Wydaje się, że wokół nas jest tylko przerażająca pustka przestrzeni, weź ją i włóż do niej tyle informacji, ile możesz. Jednak w rzeczywistości informacja i to, co widzimy, to nie to samo. W rzeczywistości nie ma wystarczająco dużo widzialnego Wszechświata dla ukrytych przed nami informacji.

Więc może dlatego się rozszerza? Może tu właśnie tkwi główna tajemnica ciemnej energii? Może tu właśnie tkwi główna tajemnica ciemnej materii? Może tu właśnie tkwi główna tajemnica grawitacji i czasu?

W rzeczywistości, dążąc do odpowiedzi na te pytania, ponownie otrzymamy pierwsze wskazówki dzięki naszym kwantowym miłośnikom skakania do czarnej dziury.

Już się dowiedzieliśmy, że informacja kwantowa, która dotarła do horyzontu zdarzeń, na zawsze zawiesi się w metryce czasoprzestrzeni, która ucieka dla zewnętrznego obserwatora. Pozostaje jednak pytanie: co się stanie, jeśli wyślemy tam nie jednego obserwatora, ale kilku, jednego po drugim? Oznacza to, że w rzeczywistości, dla zewnętrznego obserwatora, w nieskończonym okresie czasu, informacje o każdym z nich dotrą do horyzontu zdarzeń i zamarzną. Okazuje się sytuacja, w której wydają się być one uwarstwione. Co jeśli wyślemy milion? Co jeśli bilion? A jeśli tak dużo, że ich masa-energia będzie równa miliardom mas Słońca? Co się stanie?

Oczywistą odpowiedzią jest to, że jeśli dodamy miliardy mas Słońca do czarnej dziury, jej rozmiar wzrośnie, ponieważ jej metryka w ramach ogólnej teorii względności zależy od masy-energii. Jednak nie spiesz się z wnioskami. Jak już powiedzieliśmy, emitowane fotony na horyzoncie zdarzeń odbijają wszystkie dostępne informacje dla zewnętrznego obserwatora. Dla niego żaden obiekt nigdy nie przekracza horyzontu. Możemy powiedzieć, że dla niego obszar wewnątrz czarnej dziury w ogóle nie istnieje, może on tylko stworzyć model tego, co dzieje się za horyzontem, i to wszystko.

Oznacza to, innymi słowy, że dla zewnętrznego obserwatora nie będzie rósł rozmiar czarnej dziury, ale jej średnica, a raczej powierzchnia horyzontu zdarzeń będzie się rozszerzać. I rozszerzać się w takim tempie, że z jakiegoś nieznanego powodu zgadzają się z naszymi trójwymiarowymi prawami i wyjaśniają teorię grawitacji Newtona, a nawet ogólną teorię względności.

Entropia

Myślę, że wiele osób jest zaznajomionych z pojęciem entropii. Jednak bardzo często całe rozumienie entropii sprowadza się do termodynamiki i jej drugiej zasady. Pewnie pamiętasz przykład z pokojem i perfumami: najpierw perfumy są w butelce w stanie niskiej entropii, a po rozpyleniu wszystkie atomy powinny być równomiernie rozłożone w całym pomieszczeniu z wyższą entropią. Oznacza to, że układ izolowany musi osiągnąć stan równowagi termodynamicznej lub równowagi energetycznej.

Jednak w rzeczywistości entropia jest raczej względnym i znacznie bardziej fundamentalnym zjawiskiem, które manifestuje się we wszystkich dyscyplinach naukowych.

Tak więc w ramach tej książki bardziej interesuje nas entropia z punktu widzenia teorii informacji, która mówi nie o bilansie energetycznym systemu, ale o tym, ile nieznanych informacji jest potrzebnych do opisania stanu fizycznego każdego indywidualnego elementu.

Oznacza to, że z punktu widzenia tego samego pomieszczenia, gdy perfumy są w butelce, do opisania na przykład położenia w przestrzeni każdego atomu potrzeba znacznie mniej informacji niż w stanie rozproszonym w całym pomieszczeniu. Trudno powiedzieć, co jest bardziej fundamentalnym zjawiskiem: energia czy informacja. Jest to raczej przejaw tej samej rzeczy, ponieważ tak jak najmniejsza porcja energii jest kwantowana w cząstkę, tak nieznana lub ukryta informacja jest kwantowana w bit.

Oznacza to, że gdy cząstka jest w stanie superpozycji (spin w górę, spin w dół), nie mamy w ogóle żadnych klasycznych informacji o systemie, nie mamy narzędzi, aby w jakiś sposób przewidzieć ostateczny wybór. Informacja po prostu nie jest zdefiniowana dla świata klasycznego. Innymi słowy, podczas gdy cząstka jest w stanie superpozycji, jej entropia jest maksymalna, a gdy manifestuje się w świecie klasycznym, jest już minimalna. Czyli znowu to samo zero i jeden.

Bardzo ważne jest, aby zauważyć, że tak jak entropia termodynamiczna podlega prawu zachowania energii, tak entropia informacyjna podlega prawu zachowania informacji. Świadczy o tym fundamentalna zasada mechaniki kwantowej. Oznacza to, że informacji, podobnie jak energii, nie można po prostu wziąć i usunąć z Wszechświata.

Na przykład, jeśli napisałeś wiersz na kartce papieru, zakopałeś go w ziemi, a po dziesiątkach miliardów lat energia cząstek rozprzestrzeniła się po całym Wszechświecie, znając informacje o każdym wydarzeniu, możesz odtworzyć ten arkusz papieru i swój wiersz. Co na pierwszy rzut oka brzmi logicznie i nie powoduje żadnych sprzeczności.

Jednak w ramach czarnych dziur i obiektów na nie spadających pojawia się problem, a nawet cały paradoks. Z punktu widzenia zachowania energii w spadających obiektach nie ma problemów, energia pozostaje dostępna w postaci krzywizny metryki, rotacji i ładunku czarnej dziury. Możemy wykryć taką energię pośrednio, dzięki interakcji z otaczającymi obiektami, które znajdują się w jej polu grawitacyjnym lub elektromagnetycznym.

Jednak z punktu widzenia informacji wszystkie informacje o spadającym obiekcie (na przykład z jakich cząstek energetycznych się składał) z jednego układu odniesienia po prostu zamarzają na horyzoncie zdarzeń, a z innego układu odniesienia nieuchronnie wpadają w osobliwość. Innymi słowy, dla zewnętrznego obserwatora, jeśli nie narusza praw natury i nie zaczyna poruszać się szybciej niż prędkość światła, wszystkie informacje o obiekcie stają się niedostępne. W przenośni mówiąc, czarna dziura nie ma nici, żadnego kanału, przez który informacja mogłaby uciec. Czarna dziura jest absolutnie łysa. Co w zasadzie narusza prawo zachowania informacji i co w zasadzie nie powinno się zdarzyć.

Ale czy tak jest naprawdę? Czy fakt, że informacja staje się niedostępna dla żałosnych ludzi, którzy nie są w stanie żyć wiecznie, oznacza, że została usunięta i jest niedostępna dla Wszechświata?

W rzeczywistości nie, prędkość ucieczki na horyzoncie zdarzeń rzeczywiście jest równa prędkości światła, a informacja rzeczywiście tam zamarza na nieskończony okres czasu. Jednak co stoi na przeszkodzie, aby Wszechświat istniał również przez nieskończony okres czasu? Innymi słowy, bez względu na to, jak nieintuicyjnie to brzmi, informacja o obiekcie powróci z powrotem do Wszechświata po nieskończonym okresie czasu, ale powróci.

A jeśli informacja wraca z powrotem do Wszechświata, to w rzeczywistości oznacza to, że czarna dziura jest zgodna z prawem zachowania informacji i prawem zachowania energii, a zatem czarna dziura, mimo że nie jest obiektem materialnym, ma rzeczywistą entropię i rzeczywistą informację.

Jednak znowu nie do końca tak. Sam fakt, że czarna dziura ma entropię i informację, która musi ją opuścić, tylko pogarsza sytuację, ponieważ wtedy jest ona zobowiązana do wyparowania.

W rzeczywistości pierwszą osobą, która zdała sobie sprawę i była w stanie sformułować odkryty przez nas związek między czarną dziurą a entropią, był Jacob Bekenstein. To on pierwszy zrozumiał, że powierzchnia horyzontu zdarzeń może tylko wzrastać, a im więcej masy-energii dostanie się do czarnej dziury, tym bardziej wzrośnie powierzchnia. Co jest bardzo podobne do konwencjonalnego układu termodynamicznego: jeśli zaczniemy ogrzewać pomieszczenie z perfumami, czyli dostarczać tam energię, cząstki zaczną poruszać się szybciej, a entropia zacznie rosnąć.

Jednak takie podobieństwo nie wystarczyło, aby miało jakiekolwiek znaczenie z punktu widzenia nauki, ponieważ w tamtym czasie uważano, że niemożliwe jest ustalenie jakiegokolwiek promieniowania z czarnej dziury. Nie ma temperatury i nie jest do końca jasne, co w ogóle oznacza taka entropia.

Jednym z tych, którym nie podobał się pomysł entropii czarnej dziury, był Stephen Hawking, który próbując ją obalić, odkrył temperaturę promieniowania czarnej dziury, odkrył promieniowanie Hawkinga i pośrednio potwierdził pomysł Bekensteina.

Dzisiaj wzór opisujący entropię czarnej dziury nazywa się wzorem Bekensteina-Hawkinga, który zasadniczo mówi, ile cząstek lub bitów informacji znajduje się na powierzchni horyzontu zdarzeń i że liczba ta zależy bezpośrednio od powierzchni jego powierzchni.

Tak więc obliczenia pokazują, że powierzchnia horyzontu zdarzeń czarnej dziury nie tylko ma entropię, jest ogromna, w rzeczywistości jest maksymalna. Jest tak duża, że wielu skłania się ku przekonaniu, że większość informacji we Wszechświecie jest zakodowana na powierzchni horyzontów zdarzeń czarnych dziur, zwłaszcza na powierzchni horyzontów zdarzeń supermasywnych czarnych dziur.

Ale jeszcze ważniejsze jest to, że całkowicie zmieniło to podejście naukowców do badania Wszechświata. Jeśli wcześniej logiczne było przekonanie, że maksymalną ilość informacji można umieścić w przestrzeni trójwymiarowej, to w rzeczywistości okazało się, że maksymalną ilość informacji można umieścić na płaszczyźnie dwuwymiarowej. Dlatego zdecydowana większość współczesnych prac dotyczących grawitacji kwantowej lub teorii wszystkiego w jakiś sposób flirtuje z niższymi przestrzeniami i zasadą holograficzną, o której później porozmawiamy.

Ważne jest, aby zauważyć, że ta technika nie mówi, jaki rodzaj informacji jest przechowywany na obszarze horyzontu zdarzeń i w jakiej formie. Mówi tylko o tym, że istnieje i jaka jest jego objętość.

A tak przy okazji, wracając do braku trójwymiarowej przestrzeni dla wszystkich informacji Wszechświata, jeśli założymy, że rzeczywiste informacje są przechowywane na jakiejś płaszczyźnie dwuwymiarowej, to miejsca jest więcej niż wystarczająco.

W rzeczywistości, odpowiadając na to pytanie, naukowcy dzielą się na trzy grupy. Niektórzy twierdzą, ze problem leży w niepoprawności mechaniki kwantowej, inni twierdzą, że ogólna teoria względności jest niepoprawna, a jeszcze inni twierdzą, że wciąż potrzebujemy ujednoliconej, wszechmocnej teorii wszystkiego. Jednak główny problem jest wspólny dla wszystkich: prawa zarówno mechaniki kwantowej, jak i ogólnej teorii względności działają z wyjątkową dokładnością. Wszystkie niezliczone próby obalenia tych teorii lub połączenia ich nie dały statystycznie istotnych wyników. A w tej chwili nie ma innej teorii, która mogłaby zgodzić się ze wszystkimi starymi danymi eksperymentalnymi i powiedzieć coś nowego o Wszechświecie.

Entropiczna grawitacja

Holenderski fizyk teoretyczny Erik Verlinde tak uważa, a argumenty jego teorii entropicznej grawitacji wydają się przekonujące dla naukowców, a nawet zdolne do zastąpienia ogólnej teorii względności.

W centrum jego teorii leży mało znana siła pozorna, tak zwana siła entropiczna. Na przykład, jeśli jakaś połączona struktura przymocowana do jednej ze ścian zostanie umieszczona w całkowicie izolowanym pudełku z gazem, chaotyczny i nieuporządkowany ruch atomów gazu będzie stale przesuwał i skręcał tę strukturę w kierunku ściany. Zjawisko to wynika z faktu, że ruch setek milionów atomów gazu tworzy równomiernie rozłożoną siłę nacisku. Ponieważ struktura jest przymocowana do jednej ze ścian, będzie opierać się ruchowi w przeciwnym kierunku, co oznacza, że wynikowa siła będzie stale wprowadzać ją w stan skręcony w pobliżu ściany. Nawet jeśli weźmiemy jeden atom, prędzej czy później skręci on strukturę w pobliżu ściany.

Innymi słowy, siła entropiczna jest zjawiskiem emergentnym, czyli nabytą właściwością statystycznego zachowania się dużej liczby cząstek. Co więcej, jeśli zwiększymy energię dostarczaną do systemu, co jest równoważne zwiększeniu masy, siła ta wzrośnie. A jeśli weźmiemy strukturę połączoną w centrum, skręci się ona w kulę, a siła będzie działać równomiernie ze wszystkich kierunków do środka.

To wszystko jest podobne do działania klasycznej grawitacji. Jednak jeśli się nad tym zastanowić, to nie do końca prawda. Po pierwsze, ruch ze stałą prędkością w takim środowisku wymagałby stałego zużycia energii, co nie jest obserwowane w otwartej przestrzeni. Po drugie, wzrost energii samej struktury nie prowadziłby do wzrostu siły entropicznej, lecz do jej zmniejszenia.

Z punktu widzenia entropii termodynamicznej wszystko jest jasne, ale wcześniej mówiliśmy o entropii informacji, co nie jest dokładnie tym samym. Przynajmniej nie rozprzestrzenia się ona w środowisku, ale jest fundamentalną właściwością kwantową.

Jeśli weźmiemy wzór wyprowadzony w ramach zasady entropicznej, po pewnych manipulacjach ostateczne równanie całkowicie powtórzy znajome prawo grawitacji Newtona. A biorąc pod uwagę, że prawo Newtona jest szczególnym przypadkiem ogólnej teorii względności, to wprowadzenie dodatkowych parametrów pozwala także wyprowadzić matematyczny aparat ogólnej teorii względności. Co jest naprawdę intrygujące.

Sam Verlinde opisuje taką grawitację nie jako siłę fundamentalną, ale jako konsekwencję zmiany entropii, czyli siły splątania bitów informacji cząstek kwantowych na powierzchni dwuwymiarowej płaszczyzny. Co w naszej interpretacji trójwymiarowego świata manifestuje się jako grawitacja.

Trudno powiedzieć, jaki proces leży u podstaw tej idei. Można to jednak interpretować w taki sposób, że entropiczna grawitacja zależy od liczby splątanych cząstek na powierzchni dwuwymiarowej płaszczyzny. Im więcej splątanych cząstek, tym silniej odczuwamy grawitację. Co, w zasadzie, jest logiczne.

Co więcej, Verlinde, rozumiejąc, że nowa teoria nie powinna tylko uwzględniać stare obserwacje, ale również dawać nowe przewidywania, stara się wyjaśnić ciemną materię w swoich nowych artykułach, która daje nadmiar niewidzialnej grawitacji. Konkretnie uważa, że ciemna materia to nie jakiś specyficzny typ cząstki, której nie udało nam się wykryć przez dziesięciolecia, ale wynik splątania cząstek z widzialnego Wszechświata z cząstkami poza nim. Czyli cząstki, które były zlokalizowane blisko siebie we wczesnym Wszechświecie i zostały splątane, dziś tworzą entropiczną grawitację na powierzchni hologramu, a my interpretujemy to jako dodatkową niewidzialną grawitację ciemnej materii. Co, w zasadzie, również jest logiczne.

Należy jednak bardzo wyraźnie zaznaczyć, że są to wciąż interpretacje. W rzeczywistości matematyczny aparat teorii entropicznej grawitacji nie odpowiada na pytanie, jakie procesy informacyjne zachodzą na powierzchni dwuwymiarowego hologramu i jak dokładnie powstaje grawitacja w naszym trójwymiarowym świecie. Teoria ta jedynie mówi, że entropia informacji zakodowanej na dwuwymiarowym hologramie z jakiegoś nieznanego powodu powtarza nasze trójwymiarowe prawa.

Dlatego główna krytyka teorii entropicznej grawitacji jest po prostu sposobem patrzenia na znaną matematykę z innej perspektywy. Ale czyż nie na tym polega istota naukowego przełomu?

Entropiczna grawitacja otworzyła drzwi do nowych badań naukowych i nowego podejścia do badania Wszechświata. Z każdym rokiem liczba opublikowanych prac, które rozważają Wszechświat z punktu widzenia informacji kwantowej, tylko rośnie. Niezbyt dawno, w kwietniu 2024 roku, opublikowano pracę (odniesienie 40), która rozwinęła ideę, że jeśli cały Wszechświat jest ogromną strukturą cząstek kwantowych splątanych ze sobą, które mogą być zakodowane na powierzchni dwuwymiarowej sfery, to co powstrzymuje cały Wszechświat, całą splątaną strukturę na sferze, przed byciem splątaną z innym takim Wszechświatem?

Wniosek tego artykułu jest taki, że gdyby taki Wszechświat był splątany z naszym Wszechświatem, wyjaśniałoby to ciemną energię, która manifestuje się w postaci ujemnej grawitacji, rozszerza przestrzeń i stanowi około 70% całej energii we Wszechświecie. Splątanie takich wszechświatów tworzyłoby między nimi entropiczną grawitację, a grawitacja całego Wszechświata wyjaśniałaby kolosalne 70% całej energii. A biorąc pod uwagę, że znajdujemy się lub jesteśmy zakodowani w jednym z nich, odbieralibyśmy to jako ujemną grawitację, która rozszerza naszą przestrzeń. Co ponownie jest bardzo logiczne.

Innymi słowy, teoria entropicznej grawitacji mówi, że cały nasz świat to splątana struktura informacji kwantowej zakodowanej na powierzchni dwuwymiarowej sfery. Grawitacja w nim nie jest siłą fundamentalną, lecz jedynie konsekwencją entropii informacji na jego powierzchni, i konsekwencją, która może wyjaśniać ciemną materię, a być może także ciemną energię.

Rozdział 9: Harmonia Neuronalna

Neural Harmony

Przeszliśmy długą drogę od prostych przykładów z muchą i cegłą do złożonych koncepcji mechaniki kwantowej i teorii względności. Zbadaliśmy, jak efekty kwantowe mogą działać w makroświecie poprzez biologię kwantową, zagłębiliśmy się w świat cząstek subatomowych, gdzie rządzą prawa świata kwantowego, a nawet zajrzeliśmy za kulisy różnych interpretacji, próbując zrozumieć, jak wyjaśniają one zadziwiające zjawiska kwantowe. Rozważaliśmy również naturę przestrzeni, czasu i naszego postrzegania rzeczywistości, a także zbadaliśmy związek między matematyką a światem fizycznym.

Dotknęliśmy nawet ekscytującego pomysłu, że mózg może działać przy użyciu efektów kwantowych. Wszystkie poprzednie rozdziały zostały zbudowane na solidnych podstawach wiedzy naukowej, ale w tym ostatnim rozdziale chciałbym odejść od ścisłych ram naukowych i podzielić się moimi osobistymi przemyśleniami, badaniami i refleksjami filozoficznymi.

Będzie to przestrzeń dla swobodnej gry idei, gdzie będziemy mogli zgłębiać metafizyczne aspekty świadomości, związek między światem kwantowym a naszymi wewnętrznymi doświadczeniami, a także potencjalne implikacje tych idei dla naszego rozumienia rzeczywistości i miejsca człowieka w niej.

Początek badań

Wszystko zaczęło się, gdy miałem dziesięć lat. Był to czas przebudzenia, kiedy dopiero zaczynasz uświadamiać sobie siebie jako jednostkę, odkrywać swoją własną wyjątkowość i badać otaczający Cię świat. Równowaga emocjonalna w tym wieku jest niezwykle krucha, a każde wydarzenie, każde wrażenie może wywołać całą burzę uczuć, pozwalając doświadczyć całego spektrum emocji z niewiarygodną intensywnością.

Od dzieciństwa mam wyjątkową pamięć do wydarzeń, zwłaszcza tych, które wywołały silne emocje. Te żywe wspomnienia, jak żywe obrazy, wypełniają moje życie kolorami i pomagają mi głębiej zrozumieć siebie i otaczający mnie świat.

Aż pewnego dnia zauważyłem ciekawą rzecz: w dni, kiedy napięcie emocjonalne było wysokie, na przykład, wydarzyło się coś ciekawego i radosnego, i byłem szczęśliwy przez, powiedzmy, pół dnia, to tego samego dnia wydawało się dziać przeciwieństwo tego - jakieś silne negatywne. A w dni, kiedy wszystko było spokojne, cały dzień mijał równo, ale kiedy coś się działo, to jakby była jakaś silna emocja, to musiała być przeciwna, żeby ją zrównoważyć.

I zacząłem to obserwować, skupiać się na takich rzeczach. A Wy pytacie, dlaczego w ogóle o tym mówię? Nawet gdyby to była prawda, to być może z punktu widzenia ewolucji istniałby taki mechanizm równoważenia emocji, żeby na przykład nie zwariować, mózg mógłby mieć mechanizm ochronny. To byłoby dobre wyjaśnienie, ale wszystko okazuje się nie takie proste.

Paradoks emocji

Kiedy zacząłem studiować literaturę naukową, zawsze zadawałem sobie pytania, a potem znajdowałem na nie odpowiedzi. Na przykład, dlaczego niebo jest niebieskie? Jak działa grawitacja? Czym jest czarna dziura? Ale jedno pytanie nie dawało mi spokoju: jak mogą istnieć emocje?

Wiemy już, jakie reakcje chemiczne zachodzą w mózgu, które jego części są zaangażowane, jak pamięć jest zorganizowana za pomocą sieci neuronowych. To wszystko pięknie i ładnie, ale jak jeden atom może oddziaływać z innym atomem i wywoływać emocje? Coś nieożywionego tworzy uczucia, które pomagają nam ewoluować i rozmnażać się. Wydaje się to niewiarygodnym paradoksem.

Jedną z możliwych odpowiedzi jest to, że emocje są zjawiskiem emergentnym, czyli właściwością, która pojawia się na wyższym poziomie organizacji systemu, ale jest nieobecna na niższych poziomach. Tak jak świadomość powstaje ze złożonej interakcji miliardów neuronów, tak emocje mogą być wynikiem złożonych wzorców aktywności neuronowej i reakcji chemicznych.

A kiedy zauważyłem wzorzec wahań emocjonalnych, zastanawiałem się: czy emocje nie mogą być zrównoważone, tyle samo negatywnych, co pozytywnych? To właściwie brzmi śmiesznie, ale zrobiłem się ciekawy, bo działo się coś bardzo podobnego do tego.

Równowaga emocji

I tak przez następne kilka miesięcy czekałem na takie dni, gdzie byłaby widoczna idealna korelacja, i nie musiałem długo czekać. Stany emocjonalne w tym wieku są żywe i dość łatwo było je porównać. A teraz minęło kilka miesięcy i byłem po prostu zszokowany: ku mojemu zdziwieniu, to naprawdę okazało się prawdą.

Podam przykład. Byłem w domu i czułem, że jestem bardzo znudzony i smutny, nic do roboty. To były wyraźne emocje, a tego samego dnia mogli do mnie przyjść znajomi, albo mogłem gdzieś pójść i pobawić się z nimi na łonie natury, i było fajnie. I to było jakby jakaś równowaga, która była bardzo wyraźnie widoczna. A w dni, kiedy nic nie robiłem, wszystko szło jak zwykle i spokojnie. I takie wzorce odczuwałem setki razy, i porównywałem je i doszedłem do pewnego wniosku, że nadal istnieje prawie równa korelacja emocji.

Byłem zszokowany, jak to może być, a jednocześnie szczęśliwy z tego powodu. Kiedy powiedziałem o tym rodzicom, opowiedziałem im szczegółowo o moich badaniach i opisałem wszystko tak, jak było, i dlaczego to było fajne. A po tym oni po prostu mnie zignorowali i zaczęli opowiadać mi tematy religijne, jak wszystko działa. Po tym zrozumiałem, że lepiej już o tym nie wspominać.

I tak zrobiłem, ale kontynuowałem swoje badania dalej. A kiedy miałem już 12 lat, nadal zauważałem ten wzorzec każdego dnia, w szkole, w domu, wszędzie. Już podświadomie zacząłem kalkulować, co mnie czeka w przyszłości. Jeśli poranek zaczynał się od kłopotów, wiedziałem, że dzień przyniesie coś dobrego, i na odwrót. To było jak wewnętrzny barometr, który przewidywał pogodę moich emocji.

Z jednej strony dawało mi to poczucie kontroli, mogłem przygotować się na przyszłe wahania nastroju. Ale z drugiej strony, tworzyło to również pewien fatalizm. Jeśli wiedziałem, że po radości przyjdzie smutek, czy warto było się tak bardzo cieszyć?

Te pytania wirowały mi w głowie, zmuszając mnie do myślenia o naturze emocji, o tym, jak są one powiązane z naszym postrzeganiem świata i czy możemy wpłynąć na tę równowagę.

W rzeczywistości, kiedy zdałem sobie sprawę, że moje obserwacje wskazują na nieuchronność równowagi między pozytywnymi i negatywnymi emocjami, wywołało to we mnie rozczarowanie. Zrozumiałem, że pragnienie utopii, stanu wiecznego szczęścia i beztroski, jest iluzją. Życie nie może być ciągłym strumieniem radości, i ta realizacja była dla mnie trudna na początku. Ale z czasem pogodziłem się z tą prawdą, zaakceptowałem ją jako integralną część bytu.

Matematyka emocji

Kiedy skończyłem 14 lat, zdałem sobie sprawę, że brakuje mi jednej rzeczy. Obliczałem pozytywne i negatywne emocje, ich czas i czas trwania, ale z jakiegoś powodu obraz był niepełny, czasem stosunek się nie zgadzał. I wtedy zauważyłem, że trzeba dodać pracę fizyczną i moralną jako emocje negatywne, po czym obraz stał się całkowicie jasny, a wszystko się zbiegło.

I wtedy postanowiłem zrobić to: prowadzić dokładne zapisy emocji przez cały dzień. Robiłem to już wcześniej, ale wybrane były tylko pewne, najbardziej wyraźne emocje, ale co by się stało, gdybym nagrał cały dzień, jaki wykres bym dostał? I, zgodnie z moimi planami, powinien być sposób na obliczenie brakującej emocji, która nie pozostałaby, aby nastąpiła równowaga.

I zacząłem działać. Zapisywałem emocje od początku do końca dnia, dawałem im ocenę od -100 do +100, zapisywałem czas trwania i pisałem, co to za emocja. Zapisywałem wszystko, co czułem, dawałem oceny i tak dalej.

- Emocje pozytywne: komunikacja z przyjaciółmi, pyszne jedzenie, relaks na kanapie, sukcesy w nauce, oglądanie ciekawego filmu, spacery na łonie natury, otrzymywanie prezentu, słuchanie ulubionej muzyki, uczucie zakochania, osiągnięcie celu.
- Emocje negatywne: kłótnie z przyjaciółmi, niesmaczne jedzenie, nuda, niepowodzenia w nauce, zła pogoda, utrata czegoś cennego, poczucie samotności, niepowodzenie w osiągnięciu celu, ból fizyczny, zmęczenie, stres.

Następnie, pod koniec dnia, przed pójściem spać, zamieniałem swoje emocje w liczby. Mnożyłem intensywność każdej emocji przez jej czas trwania, uzyskując w ten sposób rodzaj "wyniku". Następnie sumowałem te wyniki, oddzielnie dla emocji pozytywnych i negatywnych. I za każdym razem, gdy podsumowywałem dzień, uderzał mnie jeden wzór: łączna ilość punktów pozytywnych i negatywnych zawsze dążyła do zera.

Na przykład, w przeciętny dzień łączna liczba punktów emocji wynosiła 25 tysięcy. Ale jeśli zsumować wszystkie pozytywne i odjąć wszystkie negatywne, wynik wahał się w granicach plus minus 1000. To było niesamowite! Wydawało się, jakby istniał jakiś niewidzialny mechanizm, który reguluje równowagę moich emocji, nie pozwalając im zbytnio odbiegać w jedną lub drugą stronę.

Byłem zszokowany tym odkryciem. Jak to możliwe? Czy to tylko zbieg okoliczności, czy też istnieje naprawdę jakiś fundamentalny wzorzec, który rządzi naszymi emocjami? Te pytania nie dawały mi spokoju i skłoniły mnie do dalszych badań.

I nadal prowadziłem zapisy każdego dnia, a wszystko powtarzało się dalej, a minęło kilka miesięcy i miałem kilka zeszytów zapisanych. Kontynuowałem ten eksperyment tak długo, chociaż był potwierdzany prawie każdego dnia, ponieważ próbowałem obliczyć, jaka emocja będzie czekać w przyszłości, ale do tego wrócimy później.

A mając tak dużo informacji, postanowiłem przenieść je na komputer, żeby może coś wymyślić i jakoś działać, i żeby komputer pomógł obliczyć. I tak wprowadzałem zapisy intensywności emocji przez długi czas i w końcu to zrobiłem, a żeby wizualnie zobaczyć, jak to wyglądało, stworzyłem wykres. I wiesz, co zobaczyłem? - Wykres w kształcie dzwonu (rys. 5), idealna krzywa rozkładu normalnego!

Pomyślałem, że to po prostu nie może być, jak taka wyraźna struktura wyszła z czegoś tak chaotycznego jak moje emocje. To było niewiarygodne! Patrzyłem na ten wykres i przez głowę przelatywały mi najbardziej fantastyczne myśli. Może to nie jest tylko niewiarygodny zbieg okoliczności? A może naprawdę żyjemy w jakiejś symulacji, w której nasze emocje są zaprogramowane tak, aby podążać za jakimś matematycznym algorytmem?

Ta myśl była jednocześnie ekscytująca i przerażająca. Jeśli nasze emocje podlegają jakimś niewidzialnym prawom, czy mamy prawdziwą wolną wolę? Czy możemy kontrolować nasze uczucia, czy też są one tylko marionetkami w rękach jakiegoś kosmicznego lalkarza?

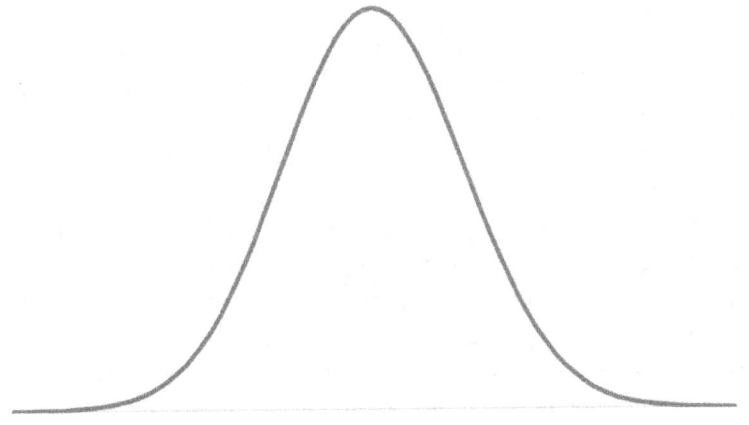

Rysunek 5. - <u>Krzywa rozkładu normalnego</u>

Około rok temu, gdy miałem 13 lat i obliczałem wszystko, co widziałem, zacząłem zauważać w szkole, że moi koledzy z klasy wydawali się mieć pewne przeciwieństwa, które się równoważyły. Pierwszą rzeczą, którą zauważyłem, był wzrost uczniów. Zauważyłem, że na każdą niską osobę przypadała jedna wysoka. Chodziłem po klasach i dyskretnie prowadziłem obserwacje, i okazało się, że w większości klas, gdzie wszyscy byli mniej więcej średniego wzrostu, mniejszość była taka sama. Ale gdy tylko pojawił się ktoś niższy lub wyższy od normy, byli oni zrównoważeni, wyglądało to jak 2 punkty na wykresie rozkładu normalnego, przeciwne do siebie po obu stronach.

Ale to nie wszystko. Zacząłem też zauważać, że ten sam rozkład wydawał się dotyczyć osobowości: na każdą nieśmiałą i cichą osobę przypadała jedna towarzyska i rozmowna; na każdego pesymistę przypadał optymista. Nawet poziom dochodów moich kolegów z klasy był specjalnie dostosowany: jeśli w klasie był uczeń z bardzo zamożnej rodziny, to na pewno był taki, którego rodzice mieli skromniejszy dochód.

Po prostu nie mogłem uwierzyć własnym oczom! Wszystko na świecie wygląda tak chaotycznie, że taki stosunek nie może być prawdziwy. I tak doszedłem do rozkładu normalnego Gaussa, który został opisany w jednym z poprzednich rozdziałów:

(Belgijski matematyk Adolphe Quetelet przeprowadził badania na dużą skalę dotyczące różnych parametrów ludzkiego ciała. Zmierzył na przykład obwód klatki piersiowej 5738 szkockich żołnierzy i wzrost 100 000 francuskich rekrutów. Wyrażając wszystkie odczyty graficznie, Quetelet uzyskał krzywą w kształcie dzwonu, którą obecnie nazywamy krzywą rozkładu normalnego. Im więcej danych miał na temat określonego parametru, tym wyraźniejsza stawała się ta krzywa. Na przykład, jeśli weźmiemy taki parametr jak wzrost, absolutna większość ludzi ma mniej więcej taki sam wzrost, a odchylenia dotyczą mniejszości: po lewej stronie wykresu będą osoby bardzo niskie, a po prawej - bardzo wysokie.

Quetelet skonstruował również podobne krzywe dla cech moralnych, takich jak skłonność do przestępstwa, zdolności intelektualne i tak dalej. Ku jego zaskoczeniu odkrył, że wszystkie cechy ludzkie podlegają tej samej krzywej normalnej.

Ale co jest naprawdę niesamowite, to fakt, że Quetelet odkrył tę krzywą w połowie XV wieku, znaną astronomom z obserwacji astronomicznych. Jak to możliwe, że procesy astronomiczne, biologiczne i społeczne są połączone jakimś uniwersalnym prawem? Fakt, że rozkład najbardziej różnorodnych właściwości podlega tej samej krzywej normalnej, jest sam w sobie niezwykły. Ale to nie wystarczy. Nawet rozkład średniego poziomu udanych serwów w głównej lidze baseballowej i rentowność indeksów giełdowych podlegają rozkładowi normalnemu.

Co więcej, jeśli rozkład odbiega od krzywej normalnej, zwykle należy go dokładnie sprawdzić. Na przykład, jeśli rozkład ocen z języka angielskiego w szkole różni się od normy, sugeruje to sprawdzenie przyjętych tam zasad oceniania.)

Właściwie, kiedy robiłem obliczenia, ta równowaga nie działała w niektórych klasach. Na początku myślałem, dlaczego tak jest, może wszystkie te obliczenia, które robiłem wcześniej, były tylko zbiegiem okoliczności i wszędzie jest losowo. I nie mogłem zrozumieć, dlaczego w tej klasie na przykład wszyscy byli powyżej średniego wzrostu i nie było równowagi.

Ale, jak się później okazało, w następnym roku w tej samej klasie wszyscy byli przeważnie poniżej średniego wzrostu. I wtedy zdałem sobie sprawę, że ta równowaga działa w czasie, ten rozkład nie jest statyczny, ale dynamiczny, zmienia się i dostosowuje w czasie, utrzymując ogólną równowagę.

Później, po kilku latach, zainteresowałem się nauką i dowiedziałem się, że jest to zjawisko statystyczne i nie jestem pierwszym, który to zauważył. Ale nie byłem rozczarowany, byłem szczęśliwy, bo nie jestem jedynym "szaleńcem", który wymyślił takie równowagi, to fakt statystyczny.

Przewidywanie przyszłości

Później, w wieku 14 lat, nadal chodziłem do szkoły, zajmowałem się codziennymi czynnościami i nadal liczyłem proporcje w dniach. Dla mnie, po tylu latach, stało się to rutyną, a obliczenia wykonywane były automatycznie. I przez następne kilka lat nadal potwierdzałem i weryfikowałem tę teorię. Teraz podam przykłady, jak to się działo.

Na przykład pewnego dnia obliczałem i widziałem, że dzień minął bardzo pozytywnie, ale jakoś nie zwróciłem na to uwagi. Przy średniej wartości punktów, jak już wspomniałem, jest 25 000 punktów emocji dziennie, a jeśli dodać pozytywne i negatywne, wychodziło to około +-1000, ale tego dnia wyszło +8000, a następnego +6000, a trzeciego +4000. Zacząłem odczuwać niejasny niepokój, jakby coś musiało się wydarzyć, aby zrównoważyć te pozytywne wybuchy. A potem, czwartego dnia, trafiłem do szpitala z niespodziewanym zapaleniem wyrostka robaczkowego i spędziłem tam kolejne trzy dni, gdzie trudno było skupić się na obliczaniu emocji, ale były one wyraźnie niższe niż kilka tysięcy. Równowaga została przywrócona, ale w jak bolesny sposób!

Następny incydent wydarzył się pewnego dnia i zacząłem czuć się nieswojo w mieszkaniu, w którym mieszkałem; czułem, że nie mam wystarczająco dużo miejsca. Ktoś inny na moim miejscu po prostu by to zignorował, ale ja, badający emocje, nie chciałem tego przegapić. Jak to mogło się stać znikąd, nagle czując się nieswojo i poczucie ograniczonej przestrzeni? I trwało to 2 lata, co jest dużo, ale skończyło się przeprowadzką mojej rodziny do naszego własnego domu, gdzie było dużo miejsca i czułem się wolny. I tutaj osiągnięto równowagę, która ponownie trwała 2 lata. A co najważniejsze, kiedy to się zaczęło, nie miałem pojęcia, że moja rodzina będzie mogła przeprowadzić się do nowego domu.

Następny przykład to sytuacja, gdy miałem dziewczynę i byłem zakochany - to silne uczucia, emocje, które bardzo pomagały w przewidywaniu. Nie widywałem się z dziewczyną codziennie, ale w dni, kiedy miałem się z nią zobaczyć, oznaczało to, że uwolni się dużo dopaminy (i innych hormonów szczęścia), aw takich przypadkach równowaga musiała być bardzo wyraźna. I tak się okazało, że w dniu, w którym mieliśmy się zobaczyć, jakby cały świat był specjalnie przeciwko mnie; śmiałem się nawet z sytuacji, które mnie spotkały. W takie dni czułem się tak źle, jak to tylko możliwe, ale był jeden główny szczegół: zaczęły przychodzić mi do głowy myśli (konkretnie w dniu, w którym miałem się z nią spotkać), że moja partnerka mnie denerwuje i irytuje. Ale tego samego dnia spotkaliśmy się i bardzo się ucieszyłem, że ją widzę. Ale w dni, kiedy się nie widywaliśmy, wszystko było neutralne.

A najciekawsze jest to, że pewnego dnia znowu zacząłem odczuwać te emocje złości wobec mojej dziewczyny znikąd, ale nie mieliśmy się tego dnia spotkać. I od razu pomyślałem: „Czy ona naprawdę dzisiaj do mnie przyjdzie, bo ten wzorzec emocji zdarzał się w 100% podczas naszych spotkań?". I co myślisz, to się faktycznie stało, przyszła do mnie bez ostrzeżenia, tak jak przewidziałem. Ta złość musiała nastąpić specjalnie, ponieważ w przyszłości miała być radość ze spędzania czasu z moją dziewczyną. I potem ta sytuacja powtarzała się za każdym razem, gdy się spotkaliśmy. Czułem tę emocję złości, wiedziałem, że to nie jest jak nic innego, a ten właśnie wzorzec oznaczał przyszłą radość ze spędzania czasu z moją dziewczyną. I w ten sposób, nie mając żadnych informacji, mogłem przewidywać przyszłość.

Ale jak przyszłe wydarzenia mogą wpływać na przeszłość? Cóż, to po prostu niemożliwe! A może czas nie jest liniowy, jak zwykliśmy myśleć, i istnieje jakaś głębsza interakcja między przeszłością, teraźniejszością i przyszłością? Czy to możliwe, że nasze emocje to nie tylko reakcje chemiczne, ale coś więcej, coś związanego z podstawowymi prawami Wszechświata?

Połączenie kwantowe

To pytanie dręczyło mnie przez dwa lata: jak przyszłość wpływa na przeszłość? Ja, który zawsze szukam wyjaśnienia wszystkiego, nie mogłem tego tak zostawić. A potem natknąłem się na eksperymenty z fizyki kwantowej z opóźnionym wyborem.

Eksperyment z opóźnionym wyborem

Ten eksperyment jest odmianą słynnego eksperymentu z podwójną szczeliną, który demonstruje dualizm korpuskularno-falowy światła. W klasycznym eksperymencie z podwójną szczeliną fotony przepuszczane są przez dwie wąskie szczeliny, a na ekranie za nimi obserwuje się wzór interferencyjny, wskazujący na falową naturę światła. Ale jeśli spróbujemy określić, przez którą szczelinę przeszedł każdy foton, wzór interferencyjny znika, a fotony zachowują się jak cząstki.

W eksperymencie z opóźnionym wyborem dodajemy kolejny element: detektor, który można włączyć lub wyłączyć po przejściu fotonu przez szczeliny, ale zanim dotrze on do ekranu. Jeśli detektor jest wyłączony, obserwujemy wzór interferencyjny, tak jak w klasycznym eksperymencie. Ale jeśli detektor jest włączony, wzór interferencyjny znika, nawet jeśli decyzja o włączeniu detektora została podjęta po przejściu fotonu przez szczeliny.

Stwarza to wrażenie, że nasz wybór w teraźniejszości wpływa na zachowanie fotonu w przeszłości, jakby foton z góry „wiedział", czy detektor zostanie włączony i odpowiednio decyduje się zachowywać jak fala lub cząstka.

Retrokauzalność

To zjawisko, w którym przyszłe wydarzenia wpływają na przeszłe, nazywa się retrokauzalnością. Jest to sprzeczne z naszym intuicyjnym rozumieniem czasu jako liniowego przepływu z przeszłości do przyszłości. Niektóre interpretacje mechaniki kwantowej, takie jak interpretacja wielu światów lub interpretacja transakcyjna, dopuszczają możliwość retrokauzalności.

Połączenie z równowagą emocji

Kiedy dowiedziałem się o tych eksperymentach i koncepcjach, poczułem, że znalazłem klucz do zrozumienia moich obserwacji dotyczących równowagi emocji. Być może ta równowaga to nie tylko zjawisko statystyczne, ale przejaw głębszego wzorca kwantowego, który łączy przeszłość, teraźniejszość i przyszłość w jedną całość. Być może nasze emocje to nie tylko reakcje na zewnętrzne wydarzenia, ale część złożonego kwantowego tańca, w którym każdy krok wpływa na całą choreografię.

To odkrycie otworzyło przede mną nowe horyzonty badań i refleksji. Zacząłem zgłębiać fizykę kwantową, studiować różne interpretacje i szukać powiązań między światem kwantowym a światem naszych emocji.

Paradoks przewidywania

Rozważałem różne możliwości wyjaśnienia tego, nawet koncepcję czasu płynącego w przeciwnym kierunku. Ta idea, choć na pierwszy rzut oka wydaje się absurdalna, oferuje interesującą perspektywę na przyczynowość i związek między zdarzeniami. Co jeśli przyszłość już istnieje, a my po prostu poruszamy się przez nią, jak oglądając film od tyłu? Co jeśli nasze działania w teraźniejszości nie tworzą przyszłości, ale jedynie ją ujawniają, jakbyśmy szli już wytyczoną ścieżką?

Ale potem wydarzył się kolejny incydent, który zmusił mnie do ponownego przemyślenia moich poglądów. Pewnego wieczoru, kiedy spacerowałem, poczułem poczucie zagrożenia. Już kilka razy doświadczyłem takich emocji i pamiętałem ten wzorzec, co oznaczało, że to dopiero początek tej negatywnej emocji. Innymi słowy, być może miałeś doświadczenie przeczucia czegoś złego, zanim coś złego się wydarzyło? Myślę, że tak. Ale ja już pamiętałem, jak wygląda ta emocja, że w 100% przypadków stanie się coś złego. Dlatego, dzięki mojej zdolności przewidywania przyszłości, zdałem sobie sprawę, że muszę się stamtąd wydostać. Zacząłem iść inną trasą, skręcając z głównej drogi, ponieważ czułem niebezpieczeństwo. I właśnie dlatego, że przewidziałem, że będzie niebezpieczeństwo i skręciłem, aby go uniknąć, wpadłem na nocnych chuliganów. Gdybym nie przewidział, że stanie się coś złego, szedłbym dalej tą drogą i nic by się nie stało.

Wracając do domu lekko pobity, nie mogłem pojąć, co to za paradoks, jak można go wyjaśnić. Ale to zainspirowało mnie do myśli, że nasz Wszechświat jest matematyczny. Aby to wyjaśnić, wymyśliłem koncepcję liczb. Na przykład, we Wszechświecie jestem liczbą 100247, ale kiedy wymyśliłem przewidywanie przyszłości poprzez emocje, moja liczba stała się 101275 i już inaczej oddziałuję ze światem.

Aby lepiej zrozumieć i wizualizować te pomysły, zacząłem rysować wykresy, próbując przedstawić, jak wygląda ten matematyczny obraz świata i jakie miejsce w nim zajmuję. Rysunek 6 pokazuje typowy przeciętny dzień dla mnie, gdzie, zgodnie z obliczeniami emocji, są one prawie symetryczne przez cały dzień. Ta prawie doskonała symetria może być wyjaśniona subiektywnymi błędami w ocenie emocji, dlatego używam słowa "prawie symetryczne". Ogólnie rzecz biorąc, ten wykres przypomina symetryczną falę.

Ale co najważniejsze, ten wykres pokazuje pewien wzorzec: w tym matematycznym modelu wszechświata, tak samo jak odchylamy się w lewo (w kierunku negatywnych emocji), musimy również odchylić się w prawo (w kierunku pozytywnych emocji). Jest to pokazane na wykresie dla jednego dnia. A jeśli weźmiemy całą intensywność tej fali przez kilka miesięcy, zobaczymy, że w rezultacie intensywność tej symetrycznej fali zbliża się do rozkładu normalnego, tworząc znaną krzywą dzwonową (Rysunek 7).

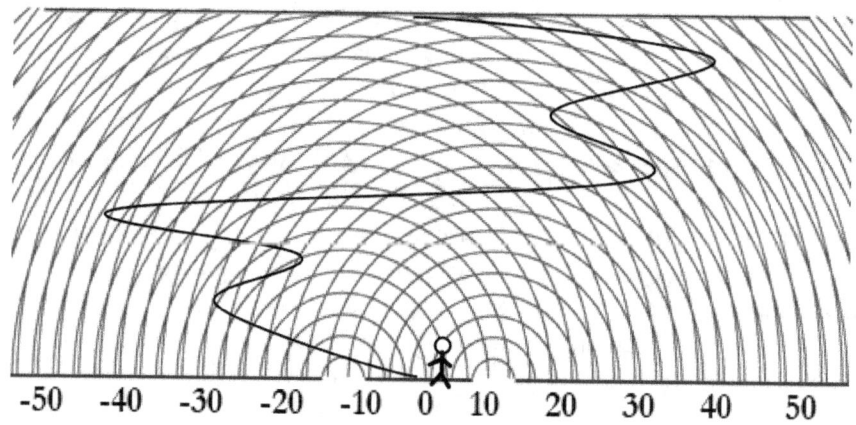

Rysunek 6. <u>Obraz przedstawia graficzną reprezentację mojej teorii o równowadze emocji w kontekście matematycznego wszechświata. Widzimy tu serię koncentrycznych okręgów rozchodzących się od centralnego punktu, w którym stoi symboliczna postać ludzka. Te okręgi można wyobrazić sobie jako ramy czasowe lub momenty w życiu, rozszerzające się od chwili obecnej w przeszłość i przyszłość.</u>

Czarna falista linia, która przechodzi przez te okręgi, odzwierciedla wahania intensywności emocjonalnej w pewnym okresie, na przykład w ciągu jednego dnia. Szczyty fali symbolizują emocje pozytywne, a doliny - negatywne. Prawie symetryczny kształt fali wskazuje, że emocje pozytywne i negatywne równoważą się w tym okresie.

Główna idea zilustrowana tym wykresem jest taka, że im dalej oddalamy się od centrum w jednym kierunku (na przykład w kierunku silnych emocji pozytywnych), tym dalej musimy przesunąć się w przeciwnym kierunku (w kierunku silnych emocji negatywnych), aby utrzymać ogólną równowagę. To wyraźnie pokazuje zasadę "kompensacji" emocji, którą zaobserwowałem w swoim własnym życiu.

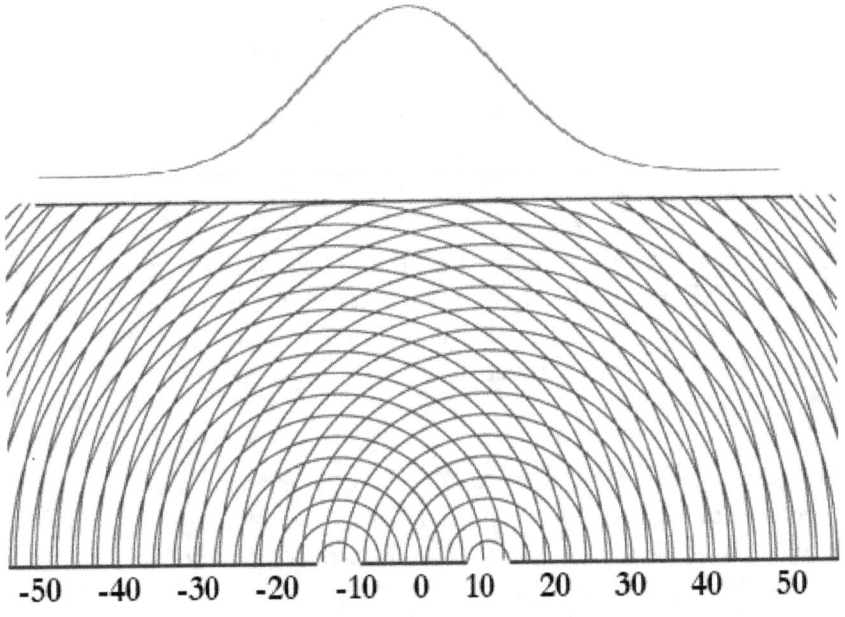

Rysunek 7. Jeśli rozważymy ten wykres w szerszym kontekście, to znaczy biorąc pod uwagę nie tylko jeden dzień, ale dłuższy okres, taki jak kilka miesięcy, skumulowana intensywność tych fal emocjonalnych tworzy krzywą, która zbliża się do rozkładu normalnego (rozkładu Gaussa). To wskazuje, że chociaż emocje mogą się wahać dość silnie w krótkim okresie, to w dłuższej perspektywie dążą one do pewnej

równowagi, przy czym większość dni charakteryzuje się umiarkowaną intensywnością emocjonalną, a skrajne stany emocjonalne występują rzadziej.

Od emocji do Wszechświata

Kiedy studiowałem podręczniki do statystyki, widziałem, jak ten rozkład był stosowany do wielu zjawisk - od najprostszych, takich jak rozkład wzrostu w populacji, po najbardziej imponujące, takie jak rozkład galaktyk we wszechświecie. Ale nigdy nie widziałem, żeby ktoś zastosował go do emocji. Nie jest to zaskakujące, ponieważ obliczenie takich rzeczy jest dość trudne; emocje są subiektywne i zmienne. Zależą od wielu czynników: od naszego stanu wewnętrznego po okoliczności zewnętrzne, od procesów chemicznych w mózgu po normy kulturowe i społeczne. Wydawałoby się, że emocje to ostatnie miejsce, w którym można by oczekiwać znalezienia matematycznego wzorca.

Jednak moje obserwacje i obliczenia skłoniły mnie do zastanowienia: czy nie może być tak, że cała nasza czterowymiarowa czasoprzestrzeń i materia w niej zawarta również są rozłożone zgodnie z tym rozkładem normalnym? Przecież jeśli nawet tak chaotyczne i nieprzewidywalne zjawiska jak ludzkie emocje wykazują tendencję do równowagi i symetrii, to być może ta zasada rozciąga się znacznie dalej, na samą tkankę rzeczywistości.

Aby jeszcze raz spróbować wyjaśnić naturę matematycznego wszechświata i jego związek z moimi obserwacjami, przedstawiłem mózg jako symetryczną falę (rys. 8), podobną do tych, które widzieliśmy na poprzednich wykresach. W tym przypadku celowo zrobiłem ją bardziej płaską, aby podkreślić ideę równowagi i symetrii.

Ta wizualizacja odzwierciedla moją hipotezę, że sam mózg działa jak rodzaj generatora fal, który rezonuje z matematyczną strukturą wszechświata. Te fale z kolei powodują nasze stany emocjonalne, które również dążą do równowagi i symetrii, odzwierciedlonej na wykresie jako rozkład normalny.

Tak więc (rys. 8) jest próbą przedstawienia nie tylko matematycznej natury emocji, ale także głębszego związku między mózgiem a podstawowymi prawami wszechświata oraz falową naturą przestrzeni.

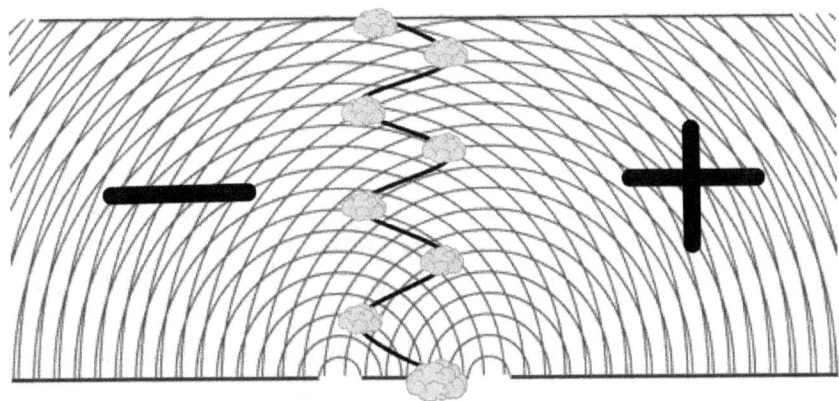

Rysunek 8. Ta wizualizacja podkreśla rolę mózgu jako swego rodzaju "regulatora" stanu emocjonalnego. Mózg, niczym wahadło, oscyluje między pozytywnymi a negatywnymi doświadczeniami, zapewniając pewną równowagę i harmonię w naszym życiu emocjonalnym. Odchylenie w lewo reprezentuje stan negatywnych emocji, podczas gdy w prawo - emocje pozytywne.

Obraz sugeruje również możliwe powiązanie między aktywnością mózgu a podstawowymi prawami wszechświata, które dążą do symetrii i równowagi. Być może nasz mózg to nie tylko organ biologiczny, ale narzędzie, które pozwala nam współdziałać z głębokimi matematycznymi strukturami rzeczywistości.

Jednak po dalszej refleksji zdałem sobie sprawę, że to nie było do końca dokładne, że czegoś brakowało, więc postanowiłem zmienić koncepcję obrazu. Im więcej eksperymentów przeprowadzałem, tym bardziej zauważałem, że mózg sam nie tworzy tego wzorca, a raczej odzwierciedla czynniki zewnętrzne, które powodują, że czuje się w określony sposób.

Dlatego w drugiej wersji mózg jest jedynie obserwatorem świata, jak igła odtwarzająca płytę i ujawniająca rzeczywistość. To podejście, moim zdaniem, było bardziej trafne, ponieważ, jak już wspomniałem, czynniki zewnętrzne wpływały na jego zachowanie.

Doszedłem do tego wniosku podczas letniej przerwy w college'u, pracując jako konsultant w sklepie elektronicznym. To było cenne doświadczenie w zarabianiu pieniędzy i, co ważniejsze, w zrozumieniu, jak działa wszechświat. Klienci, którzy wchodzili ze mną w interakcje, również wykazywali rodzaj równowagi. Chociaż trudno było tworzyć wykresy, wierzę, że to również podążało za rozkładem normalnym.

Kluczową obserwacją było to, że ilekroć spotykałem wyjątkowo miłych klientów, którzy pozostawiali trwałe wrażenie swoją dobrocią, wszechświat wydawał się równoważyć rzeczy, wysyłając niegrzecznego klienta, który psuł mi nastrój. Pracując tam, byłem zszokowany i doszedłem do wniosku, że musi istnieć formuła, która równoważy cząstki materii, prowadząc do ich precyzyjnego rozkładu. Na przykład, po serdecznej interakcji, przewidywałem jej przeciwieństwo i zawsze się to zdarzało; ktoś musiał to zrównoważyć negatywnością.

To doprowadziło mnie do przekonania, że każda pojedyncza emocja, której doświadczamy, nie jest przypadkowa, ale jest zjawiskiem przyczynowo-skutkowym, które albo jest już zrównoważone, albo zostanie zrównoważone w przyszłości, ale do tego wrócimy później. Rysunek 9 ilustruje, jak działa świat zewnętrzny, a mózg działa jako odtwarzacz, który jedynie tworzy obraz. Jak opisałem w poprzednich sekcjach, mózg jest po prostu komputerem, który oblicza uproszczony obraz wszechświata, niezbędny do jego przetrwania.

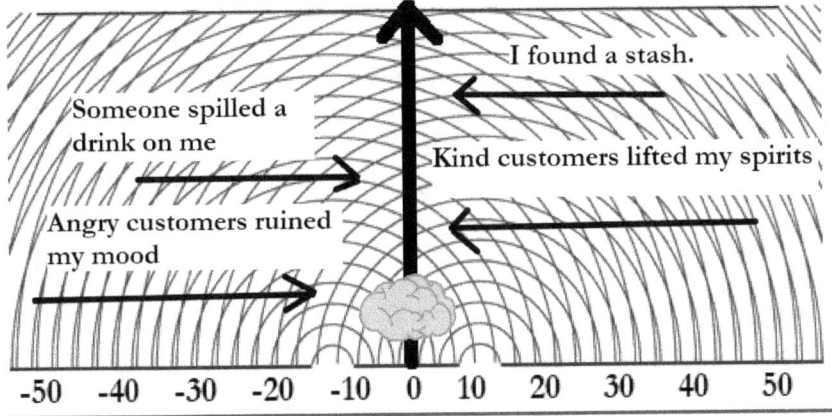

Rysunek 9. Ilustracja przedstawia koncepcję, że mózg pasywnie odbiera zewnętrzne zdarzenia, które wpływają na jego stan emocjonalny. Zdarzenia pozytywne (znalezienie czegoś, przyjemni klienci) są przedstawione za pomocą strzałek skierowanych w prawo, w kierunku wartości dodatnich na skali, podczas gdy zdarzenia negatywne (rozlany napój, nieuprzejmi klienci) są przedstawione za pomocą strzałek skierowanych w lewo, w kierunku wartości ujemnych. Mózg, przedstawiony w centrum, reaguje na te zewnętrzne bodźce, tworząc odpowiednie stany emocjonalne.

Jedność natury falowej

Później zacząłem rozumieć, że nawet ta koncepcja nie odzwierciedlała w pełni rzeczywistości. Jeśli się nad tym zastanowić, z perspektywy moich obserwacji wszystko rozwiązuje się w formie fali, a ogólnie ta fala zbliża się do rozkładu normalnego. Ale zarówno mózg, jak i środowisko są zbudowane z tych samych materiałów, tych samych cząstek. Bardziej logiczne jest założenie, że obraz świata wygląda jak połączenie moich dwóch poprzednich wyjaśnień. To znaczy, że nie tylko mózg zachowuje się jak fala, ale cały otaczający świat ma również falowy rozkład. Mózg porusza się jak fala, a świat porusza się jak fala i są one ze sobą splecione. To chyba najlepsze wyjaśnienie, jakie wymyśliłem.

Innymi słowy, jeśli wyobrazisz sobie interakcję między tobą a twoim przyjacielem, wymieniacie dane i informacje, ale zarówno z twojej, jak i jego perspektywy wszystko będzie zrównoważone, jak pokazano na rysunku 10. Każdy z was doświadczy równowagi emocji, nawet jeśli te emocje są różne. To jak dwie fale spotykające się i oddziałujące na siebie, tworząc nowy, bardziej złożony obraz, jednocześnie zachowując ogólną harmonię i równowagę.

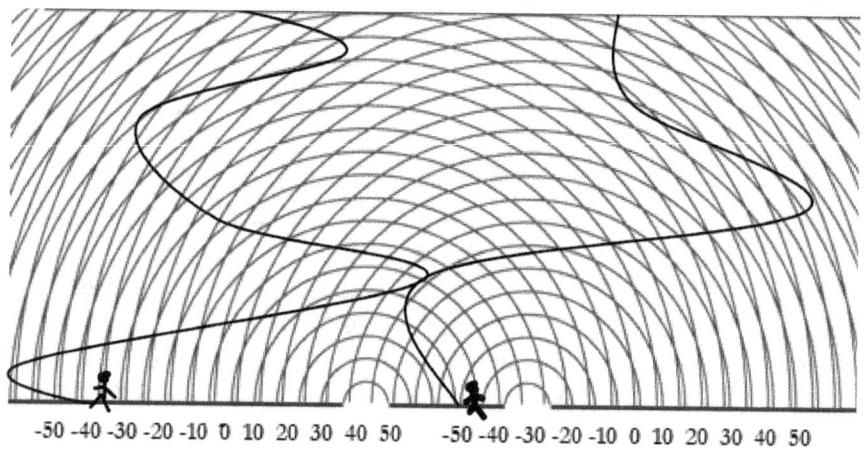

Rysunek 10. Ta ilustracja ucieleśnia kluczową koncepcję: nawet w dynamicznym świecie interakcji społecznych istnieje fundamentalna równowaga doświadczenia emocjonalnego. Wyobraź sobie, że dwie postacie na obrazku reprezentują ciebie i twojego przyjaciela. Każdy z was posiada unikalną "falę" stanu emocjonalnego, oscylującą między pozytywnymi a negatywnymi doświadczeniami. Te fale, przeplatając się, wpływają na siebie nawzajem, tworząc złożone wzorce interakcji.

Jednak nawet gdy twoje stany emocjonalne zmieniają się pod wpływem komunikacji, ogólna równowaga pozostaje stała. To tak, jakby wszechświat miał wbudowany mechanizm, który dąży do równowagi, podobnie jak materia jest równomiernie rozłożona w przestrzeni.

Tak więc, nawet jeśli ty i twój przyjaciel doświadczacie różnych emocji w danym momencie, ogólna "suma" waszego doświadczenia emocjonalnego pozostaje zrównoważona. To podkreśla ideę, że każda emocja, którą odczuwamy, jest częścią większego obrazu, w którym doświadczenia pozytywne i negatywne zawsze dążą do harmonii.

Czy to wzór na rozkład normalny, czy może funkcja falowa Schrödingera, która leży u podstaw mechaniki kwantowej. Spójrz na Rysunek 11, czyż nie są one podobne? A może te dwie koncepcje są przejawami tej samej fundamentalnej zasady? W końcu, jeśli przyjrzeć się uważnie strukturom, które obserwujemy - czy to rozkładowi emocji, interakcji między ludźmi, czy nawet rozkładowi materii we wszechświecie - wszystkie one wykazują podobne wzorce, podobną tendencję do symetrii i równowagi.

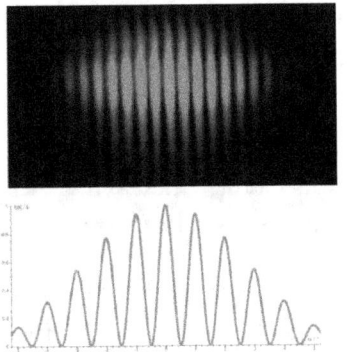
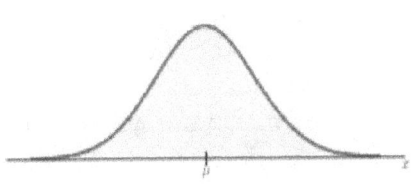

Rysunek 11. Obraz łączy wzór interferencyjny, funkcję falową i rozkład normalny. Chociaż wyglądają one różnie, wszystkie trzy są związane z prawdopodobieństwem. Rozkład normalny i kwadrat funkcji falowej opisują, jak prawdopodobne są rozłożone wartości lub położenia cząstki. Oba mają tendencję centralną. W mechanice kwantowej pakiety falowe często mają rozkłady prawdopodobieństwa podobne do rozkładu normalnego. Chociaż mają różne podstawy matematyczne, połączenie poprzez prawdopodobieństwo i podobieństwo w niektórych przypadkach wskazuje na głębszy związek.

Ta książka nosi trafny tytuł "Fizyka Kwantowa w Świecie Makro". Moje obserwacje i refleksje prowadzą mnie do śmiałej hipotezy: czy te wzorce, ta uniwersalna harmonia, mogą być przejawem praw kwantowych na poziomie makroskopowym?

Zgodnie z moją hipotezą, tradycyjna interpretacja kopenhaska mechaniki kwantowej, z jej zasadą nieoznaczoności i przypadkowości, traci na znaczeniu. Zawsze trudno było mi sobie wyobrazić, jak cząstka może być we wszystkich miejscach jednocześnie i odpowiadać jakiemuś naturalnemu przypadkowi.

Zamiast tego, interpretacja de Broglie-Bohma, z jej ideą "fali pilotującej", która kieruje ruchem cząstek (Rys. 12), wydaje mi się bardziej prawdopodobna. Oferuje ona deterministyczny i realistyczny pogląd na świat kwantowy, w którym wszystko podlega pewnym prawom i formułom, nawet jeśli nie zawsze możemy je bezpośrednio obserwować.

Ta interpretacja rezonuje z moimi obserwacjami na temat równowagi i symetrii w świecie emocji i wydarzeń. Pozwala nam ona założyć, że istnieje pewnego rodzaju "ukryta" funkcja falowa, która rządzi rozkładem materii i energii we Wszechświecie, zapewniając jego ogólną harmonię i równowagę. I być może nasze emocje, nasze doświadczenia, są tylko jednym z przejawów tej głębokiej kwantowej rzeczywistości, która przenika cały nasz świat. A za pomocą tego dziwnego narzędzia, jakim są emocje, których nie potrafimy wyjaśnić, moglibyśmy go użyć do zgłębienia natury świata.

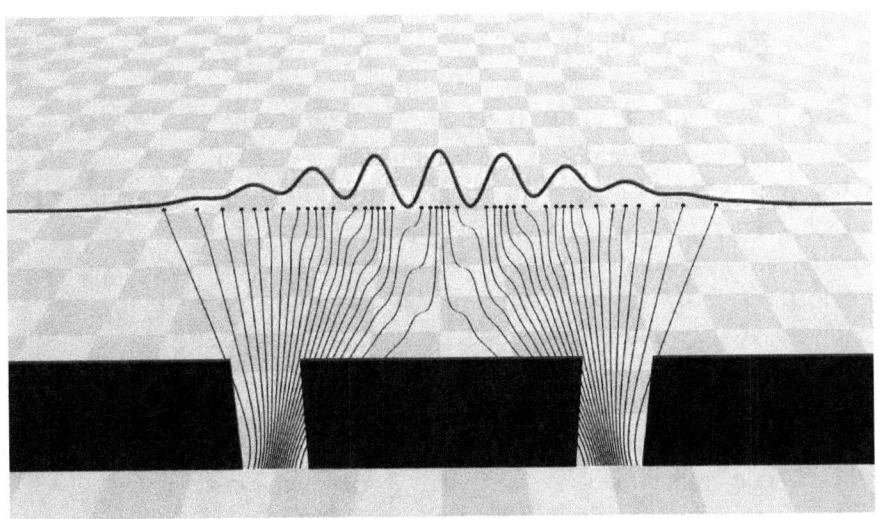

Rysunek 12. Obraz demonstruje kluczową koncepcję interpretacji de Broglie-Bohma mechaniki kwantowej, w której cząstki (reprezentowane przez czarne linie) mają określone trajektorie, kierowane przez funkcję falową (przedstawioną jako niebieska fala). Kontrastuje to z tradycyjną interpretacją kopenhaską, która twierdzi, że cząstki nie mają określonych pozycji, dopóki nie zostaną zmierzone.

Rozczarowanie utopią

Jednak pomimo atrakcyjności interpretacji de Broglie-Bohma, nie jest ona pozbawiona problemów i ograniczeń. Jednym z głównych problemów tej interpretacji jest jej nielokalność. Oznacza to, że zdarzenia w jednej części wszechświata mogą natychmiast wpływać na zdarzenia w innej części, niezależnie od odległości między nimi. Taka natychmiastowa transmisja informacji jest sprzeczna z zasadami szczególnej teorii względności, która stwierdza, że żaden sygnał nie może podróżować szybciej niż światło.

W wieku 18 lat ponownie zacząłem prowadzić badania nad stanami emocjonalnymi w ciągu dnia. Badania trwały 2 miesiące. Szczegółowo omówiłem tabele sprawozdawcze w mojej poprzedniej książce - "Poza rzeczywistością: Matematyczny Wszechświat, Świadomość i Iluzja

Czasoprzestrzeni". Tutaj nie będę uważał za stosowne wstawiać tabel z badaniami, ale zrobiłem to badanie, aby napisać artykuł, który nazwałem "Harmonia neuronalna". Po czym złożyłem go do recenzji i, z oczywistych powodów, otrzymałem odrzucenia. Ale nie jest to zaskakujące, ponieważ trudno w to uwierzyć. Ale w tej książce, myślę, że dostarczyłem wystarczającego tła dla tej hipotezy, więc mam nadzieję, że w tym kontekście będzie wyglądać mniej dziwnie.

Ale znowu, jeśli spojrzymy na taki wykres, który dostałem w uproszczonej formie (rys. 13), to wszystko, co widzimy, to to, że odczuwanie emocji nie może iść tylko w pozytywne lub negatywne, ale oscylować od jednego do drugiego. Byłem bardzo rozczarowany, ponieważ doszedłem do wniosku: im wygodniejsze życie sobie stworzyłem, tym większe były fale. To znaczy, im więcej pysznego jedzenia jadłem, im więcej odpoczywałem, im bardziej cieszyłem się przyjemnymi chwilami, tym więcej odczuwałem potem negatywnych emocji - smutku, apatii, a czasem nawet depresji. To było jak niewidzialna ręka, która przechylała wahadło moich emocji w przeciwnym kierunku, nie pozwalając mu pozostać w stanie błogości na długo.

To odkrycie było dla mnie prawdziwym ciosem. Zrujnowało moje dziecięce marzenia o idealnym życiu, o świecie, w którym panuje tylko szczęście i radość. Zdałem sobie sprawę, że dążenie do utopii jest daremnym przedsięwzięciem, ponieważ życie zawsze będzie rzucać nam wyzwania, ból i rozczarowanie, aby zrównoważyć nasze pozytywne doświadczenia.

Ta realizacja przyniosła ze sobą gorzki smak fatalizmu. Jeśli nie możemy uniknąć negatywnych emocji, czy warto w ogóle dążyć do szczęścia? Czy nie lepiej po prostu zaakceptować nieuchronność cierpienia i żyć bez nadziei na lepsze?

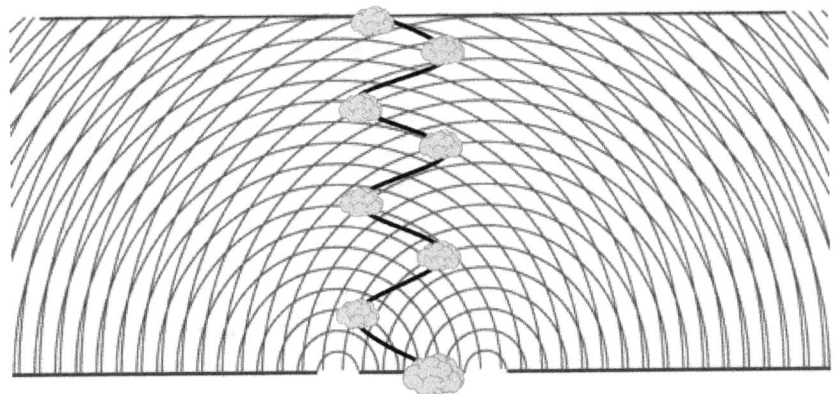

Rysunek 13. Ta wizualizacja podkreśla rolę mózgu jako swego rodzaju "regulatora" stanu emocjonalnego. Mózg, niczym wahadło, oscyluje między pozytywnymi a negatywnymi doświadczeniami, zapewniając pewną równowagę i harmonię w naszym życiu emocjonalnym. Odchylenie w lewo reprezentuje stan negatywnych emocji, natomiast w prawo - emocji pozytywnych.

Obraz sugeruje również możliwe powiązanie między aktywnością mózgu a podstawowymi prawami wszechświata, które dążą do symetrii i równowagi. Być może nasz mózg nie jest tylko organem biologicznym, ale narzędziem, które pozwala nam współdziałać z głębokimi matematycznymi strukturami rzeczywistości.

Czy "mysi raj" zagraża ludzkości?

Dziś, pomimo wszystkich problemów społecznych i politycznych, ludzkość żyje lepiej niż kiedykolwiek wcześniej. Oczywiście, nasz świat nie może być nazwany rajem ani utopią, ale wciąż, jeśli porównamy go ze wszystkimi poprzednimi epokami, współczesny przeciętny mieszkaniec Ziemi ma dostęp do nieporównywalnie większych zasobów niż 100-200 czy 1000 lat temu. Tania żywność i lekarstwa doprowadziły do tego, że populacja planety w ciągu ostatniego stulecia wzrosła czterokrotnie, z dwóch do ośmiu miliardów. Wydawałoby się, że to świadczy o naszym niesamowitym sukcesie jako gatunku, ale wielu przeraża ten stan rzeczy.

Wyobraźnia natychmiast rysuje kilka możliwych problemów. Co, jeśli będzie tak dużo ludzi, że nie wystarczy dla wszystkich zasobów na Ziemi? Czy powinniśmy spodziewać się nowych globalnych konfliktów tylko o żywność i wodę? A jeśli zasobów jest wystarczająco dużo, to jak dobrze człowiek jest przystosowany do życia w obfitości? Czy cywilizacja zacznie się gwałtownie degradować? W końcu jest dobrze znany fakt: w ciągu ostatnich 3000 lat średnia wielkość mózgu zmniejszyła się o 250 g. Według najpopularniejszego wyjaśnienia naukowego stało się tak właśnie z powodu rozwoju cywilizacji: zniknęła potrzeba posiadania wszystkich niezbędnych umiejętności do przetrwania w dziczy, wystarczy opanować jeden zawód, a resztę przekazać innym. To znaczy, powodem jest podział pracy. Co to więc oznacza? Czy ludzkość zaczęła się degradować wraz z pojawieniem się pierwszych państw?

Innym możliwym powodem jest przeludnienie planety. Już w XIX wieku Thomas Malthus obliczył, że liczba ludzi rośnie wykładniczo, podczas gdy żywność i inne niezbędne zasoby rosną arytmetycznie. Jeśli ta tendencja się utrzyma, okazuje się, że gdzieś nieuchronnie dojdzie do katastrofy społecznej i gospodarczej. To hipotetyczne zjawisko ma nawet swój termin: pułapka maltuzjańska. I rzeczywiście, w przeszłości najróżniejsze społeczeństwa regularnie w nią wpadały. W XIX wieku teoria Malthusa stanowiła podstawę wielu teorii ekonomicznych, ale potem została zapomniana...

Oczywiście, liczba ludzi na Ziemi rośnie w jakimś niewiarygodnym tempie. Strach przed nieuchronną i nieodwracalną katastrofą stał się częścią popkultury. Te dwa wielokierunkowe lęki - przed przeludnieniem i szkodliwością cywilizacji - połączyły się w słynnym eksperymencie "Wszechświat 25". Przeprowadził go pod koniec lat sześćdziesiątych amerykański etolog John Calhoun. Postanowił sprawdzić, jak będzie zachowywać się kolonia myszy w warunkach absolutnej obfitości i braku drapieżników. Wydawałoby się, że w takim raju gryzonie powinny rozmnażać się i mnożyć jak szalone, ale prawie natychmiast coś poszło nie tak. Myszy zachowywały się dziwnie, odmawiały kopulacji, cierpiały na bezpłodność i ostatecznie wymarły.

Rezultat, powiedzmy, jest przerażający. Ludzie wcześniej podejrzewali, że era konsumpcji może doprowadzić do katastrofy, ale przewidywali jej początek z powodu braku zasobów. A tu okazało się, że wszystko jest odwrotnie: absolutna obfitość doprowadziła do wyginięcia, jakby w samą naturę były wbudowane jakieś mechanizmy, prowadzące do degeneracji gatunku, jeśli środowisko stanie się zbyt sprzyjające. Opinia publiczna szybko dowiedziała się o eksperymencie i on wystartował! Pisarze, autorzy komiksów i muzycy malowali fantastyczne światy oparte na wnioskach z "Wszechświata 25". Autor "Sędziego Dredda" przyznał, że inspirację do stworzenia swojej dystopii znalazł w badaniach Calhouna. Śpiewali, pisali i rysowali kreskówki o tragicznej śmierci mysiego raju. Na podstawie wniosków z eksperymentu budowano teorie ekonomiczne i przewidywano śmierć całej ludzkości.

Przyjrzyjmy się więc bliżej, jak urządzony był mysi raj. Krótko mówiąc, w popularnej prezentacji wnioski z eksperymentu brzmią mniej więcej tak: faza wymierania kolonii składała się z dwóch etapów - pierwszej śmierci i drugiej śmierci. Najpierw myszy straciły cel w życiu, który wykraczałby poza proste istnienie. Nie chciały się kojarzyć, wychowywać potomstwa ani walczyć o rolę w społeczeństwie. Potem nastąpiło fizyczne zniknięcie: śmiertelność niemowląt sięgnęła 100%, reprodukcja dążyła do zera, kwitły zachowania homoseksualne i kanibalizm. Pomimo tego, że zwykłej żywności starczało dla wszystkich, z każdym pokoleniem coraz większa część myszy odmawiała walki i skupiała się na osobistym dobrobycie.

John Calhoun interesował się etologią i zachowaniem gryzoni od czasów uniwersyteckich. Regularnie próbował umieszczać szczury i myszy w jakiś ciekawych warunkach, żeby zobaczyć, jak będą się zachowywać. Jego pierwsze laboratorium było generalnie w jakiejś stodole, do której trudno było wejść z powodu smrodu setek zwierząt. Ale kierownictwo naukowe wspierało eksperymenty Calhouna, wydawały się one obiecującym kierunkiem. Dlatego pod koniec lat sześćdziesiątych przydzielono mu spory kawałek ziemi, gdzie przeprowadził ten sam słynny eksperyment. A tak przy okazji, dlaczego "Wszechświat 25"? Skąd w ogóle wzięła się liczba 25? Nie ma tu nic tajemniczego, to po prostu numer seryjny eksperymentu. Czyli była to dwudziesta piąta próba Calhouna zbadania społeczeństwa myszy.

"Wszechświat 25" był kwadratową zagrodą o bokach 2,5 m i wysokości ścian 1 m 37 cm. Z góry obwód ścian wykonano z ocynkowanej stali, aby żadna mysz nie mogła uciec z tego raju. Dalej każda ściana została podzielona na cztery segmenty z czterema tunelami na każdym, a w każdym tunelu znajdowały się cztery gniazda, gdzie mogło spokojnie wykluć się 15 myszy. Jeśli to wszystko zsumować, okazuje się, że liczba gniazd była zaprojektowana na 256 samic, które mogły jednocześnie urodzić prawie 4000 młodych. Karmniki i poidła były rozmieszczone w taki sposób, że 6144 myszy mogły jeść jednocześnie, a 9500 pić. Ogólnie rzecz biorąc, żyj i raduj się! Kiedy budynek był gotowy, Calhoun wypuścił do tego Ogrodu Eden osiem osobników: cztery samice i cztery samce, i zaczął obserwować, co będą robić.

Na pierwsze potomstwo trzeba było czekać niezwykle długo, ale potem liczba myszy szybko rosła: populacja podwajała się co 55 dni. Ale 315 dnia eksperymentu, kiedy w kolonii żyło już 620 myszy, tempo reprodukcji gwałtownie spadło. W swoim maksymalnym punkcie liczebność populacji sięgnęła 2200 osobników, a potem zaczął się powolny spadek. I to pomimo tego, że teoretycznie miejsca wystarczało na komfortowe życie kolonii prawie trzy razy większej! Jednocześnie Calhoun zauważył dziwną rzecz: młode samice z młodymi upychały się w gniazdach w znacznie większej liczbie niż te, na które były zaprojektowane, pomimo tego, że jednocześnie 20% gniazd pozostawało pustych. Sześćsetnego dnia eksperymentu urodziło się ostatnie ocalałe potomstwo. W tym momencie działo się coś zupełnie dziwnego: struktura społeczna i nawykowe zachowania społeczne myszy się załamywały. Stały się bardzo agresywne wobec siebie, nawet samice. Młode samce były wypędzane do centrum pomieszczenia. Niektóre cały swój wolny czas spędzały na atakowaniu dominujących samców i próbach przedarcia się do samic, podczas gdy inne po prostu godziły się z losem i nic nie robiły.

Później pojawiły się "Piękne samce", które tylko jadły, piły i dbały o siebie, niczym innym się już nie interesowały.

Calhoun zainteresował się tym nowym typem myszy. Wziął kilka osobników i przeszczepił je do innej zagrody, gdzie było mnóstwo samic, które nie musiały zaciekle walczyć. Chciałem zobaczyć, czy ich normalne zachowania społeczne zostaną przywrócone. Ale nie, i w nowych warunkach "piękni" pozostali obojętni na wszystko.

920 dnia rozpoczęła się powolna śmierć kolonii: od tego momentu żadna samica nie zaszła w ciążę. Kiedy eksperyment przekroczył 1000 dni, Calhoun postanowił go przerwać. W mysim raju pozostało tylko 122 myszy, a wszystkie były już w wieku nierozrodczym. Oznacza to, że kolonia i tak nieuchronnie by wymarła.

Krótko mówiąc, eksperyment okazał się niesamowity. Łatwo zrozumieć, dlaczego zainspirował ogromną liczbę ludzi do najbardziej kosmicznych wniosków na temat natury cywilizacji. Co więcej, sam Calhoun nie wahał się przed rysowaniem paraleli między myszami a ludzkością. A wniosek z tego nasunął się sam: jeśli społeczeństwo żyje zbyt dobrze, to społeczeństwo to wkrótce będzie miało problemy. Ale czy ten wniosek jest naprawdę uzasadniony?

Paradoks Komfortu

Tak więc użyłem tego przykładu jako potwierdzenia mojej teorii, że im lepsze stawało się życie, tym gorsze były konsekwencje. W przypadku tych myszy ich zachowanie powinno być katastrofalne, ponieważ te warunki z jedzeniem, którego nie trzeba zdobywać, i reszta zasobów, które są potrzebne, powodują duże odchylenie w prawo na wykresie. I tak, aby zrównoważyć, ta fala również odchyla się w lewo, zmuszając ich do okropnego zachowania i celowego stwarzania problemów.

Widziałem taką analogię w czasach COVID-19, kiedy wszyscy zostawali w domu, nie chodzili do pracy i mieli komfortowe warunki życia, co powinno się zrównoważyć. Liczne badania wskazują na znaczny wzrost poziomu depresji w czasie pandemii. Według niektórych szacunków liczba ta wzrosła 2-3 razy w porównaniu z okresem przed pandemią. I to właśnie w tym czasie dochodziło do wielu rozwodów i przemocy domowej.

Po czym zacząłem głębiej badać to zjawisko i doszedłem do wniosku, że kiedy ludzie żyli naturalnie, czyli w plemionach i chodzili na polowania, nie mogli mieć żadnej depresji ani niczego podobnego.

Ponieważ ludzkie ciało ewoluowało specjalnie po to, by na przykład wykres po lewej stronie dla tych ludzi po prostu wyruszał na polowanie lub po prostu robił swoje dla życia, a jak już stwierdziłem, praca fizyczna również liczy się jako negatywne emocje. Dlatego na wykresie takich osób nie było silnych odchyleń ani w lewo, ani w prawo, wszystko było zrównoważone i nie mieli śladu depresji ani lęku.

Czy widziałeś kiedyś film o tym, jak wszystko działa na poziomie komórkowym w organizmie, jak rybosomy, retikulum endoplazmatyczne, aparat Golgiego, wszystko działa idealnie, jak w zegarku? Kiedy zobaczyłem to po raz pierwszy, nie mogłem uwierzyć, że takie rzeczy istnieją w ludzkim ciele. A moim zdaniem, jeśli wszystko jest tak zrównoważone w życiu, to powinno było być na poziomie emocji u ludzi, którzy żyli naturalnie.

Pierwsze wzmianki o depresji i czymś podobnym w historii pojawiają się u królów i szlachty, co po raz kolejny dowodzi, że jest to przejaw wyższego komfortu.

I przy takim falowym ruchu wszystkiego w kosmosie, przy tych równych odchyleniach, okazuje się, że wszyscy ludzie na Ziemi są równi: nikt nie otrzymuje ani więcej, ani mniej, ale wszyscy po równo. Dlatego w tym przypadku wciąż istnieje jakaś sprawiedliwość na tym świecie. Może to również wyjaśniać, dlaczego nadmierne bogactwo lub władza często prowadzą do nieszczęścia i problemów.

Mając takie badania pod ręką, zacząłem szukać informacji na ten temat w Internecie. Na przykład, jak badano mózg podczas rezonansu magnetycznego, badania neurofizjologiczne. Ale nie znalazłem potrzebnych mi eksperymentów, ponieważ były to badania na krótki okres czasu. Jedyne, na co się natknąłem, to badanie aktywności mózgu u narkomanów podczas zażywania narkotyków oraz przed i po. Na takich przedziałach takie wykresy po prostu się pojawiają, ale faktycznie trudno jest poruszać się po tych badaniach, aby wyciągnąć taki wniosek.

Z punktu widzenia ewolucji wysunąłem bardzo śmiałe założenie, że hormony, jako cząsteczki tworzące emocje, mogą być związane z podstawowymi siłami natury, takimi jak silne oddziaływanie opisywane przez kwantową teorię pola. Na przykład hormon dopamina, który odpowiada za uczucie przyjemności, może powodować szczególnie silne wzbudzenie pewnych pól w mózgu, co różni się od wpływu innych cząsteczek. Organizm, ewolucyjnie, wykorzystuje tę cechę do wzmacniania zachowań sprzyjających przetrwaniu i reprodukcji.

Tak więc emocje wywołane hormonami mogą nie być jedynie subiektywnymi doświadczeniami, ale także przejawem głębokich procesów fizycznych, które wpływają na ewolucję żywych organizmów.

Lifehack Równowagi

Mimo wszystko, odkryłem, jak można wykorzystać równowagę emocji dla własnego dobra. Odpowiedzią na to pytanie jest sport. Kiedy zacząłem uprawiać sport, ta negatywna praca fizyczna zabierała wszystkie problemy z mojego życia. Czułem, że moje emocje się równoważą, a umysł się oczyszcza. To było tak, jakbym ręcznie przesunął wykres mojego życia w lewo, kompensując nadmierny komfort i dobre samopoczucie.

Sport stał się dla mnie nie tylko sposobem na utrzymanie formy fizycznej, ale także narzędziem do osiągnięcia równowagi emocjonalnej. Pomógł mi radzić sobie ze stresem, lękiem i depresją, które wcześniej okresowo pojawiały się w moim życiu. Dzięki sportowi czułem, że znowu panuję nad swoim życiem, że jestem w stanie pokonywać trudności i osiągać swoje cele.

To odkrycie zainspirowało mnie do dalszych badań. Zacząłem badać wpływ sportu na zdrowie psychiczne człowieka i znalazłem wiele dowodów na poparcie mojej teorii. Okazało się, że aktywność fizyczna stymuluje produkcję endorfin - hormonów szczęścia, które pomagają zwalczać depresję i poprawiają nastrój. Ponadto sport pomaga obniżyć poziom kortyzolu - hormonu stresu, co również ma pozytywny wpływ na stan emocjonalny.

A jaki z tego wniosek? A taki, że życie, wszystko wokół, jest idealnie zrównoważone i można przewidzieć przyszłość na podstawie obserwacji zjawiska emocji. Do pewnego stopnia tak. Ale poszedłem jeszcze dalej. Pytasz: "No, gdzie jeszcze? Opisałeś, jak można przewidzieć przyszłość". Ale jest jeszcze jeden szczegół.

Równowaga we wszystkim

Wracając do moich szkolnych lat, kiedy miałem czternaście lat, pamiętam okres szczególnej aktywności i ciekawości. Mózg pracował na pełnych obrotach i to właśnie wtedy przeprowadziłem najwięcej badań.

Wszystko zaczęło się od zwykłych szkolnych dni. Zauważyłem, że kiedy byłem skupiony na lekcji, mój kolega z ławki nieuchronnie zaczynał mnie rozpraszać. Ale gdy tylko on sam zagłębił się w naukę, ja traciłem koncentrację. Ten schemat powtarzał się wielokrotnie i zacząłem się zastanawiać: czy to tylko zbieg okoliczności, czy coś więcej?

Z biegiem czasu zacząłem dostrzegać podobne zjawiska w innych dziedzinach życia. W dyskusjach grupowych, gdy ktoś namiętnie bronił swojego pomysłu, zawsze znajdował się ktoś, kto był temu kategorycznie przeciwny. Wyglądało to tak, jakby wszechświat dążył do równowagi nie tylko na poziomie emocji jednej osoby, ale także w interakcji między ludźmi (rys. 14).

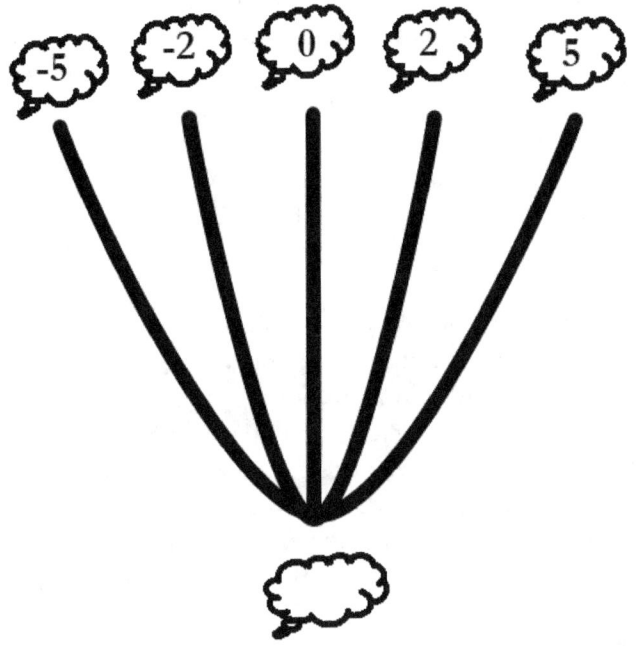

Rysunek 14. Przedstawia, jak jeden pomysł w przestrzeni, podczas rozmowy, generuje równy stosunek tych, którzy go poprą i tych, którzy będą mu się sprzeciwiać. Jest to przedstawione za pomocą punktów od -5 (kategorycznie przeciw) do 5 (kategorycznie za).

Ta idea zafascynowała mnie. Zacząłem eksperymentować, próbując przewidzieć stany emocjonalne innych ludzi na podstawie moich własnych uczuć. Wydawało się to niewiarygodne, ale często działało!

Aby upewnić się, że nie tracę kontaktu z rzeczywistością, podzieliłem się moimi obserwacjami z przyjacielem. Był sceptyczny, ale zgodził się przeprowadzić eksperyment. Wyjaśniłem mu: "Na przykład, kiedy siedzisz w domu i grasz w gry komputerowe, będziesz się dobrze bawić i być zainteresowany, i powiedzmy, że będziesz grał przez około 2 godziny. Zanim zaczniesz grać, obserwuj, co się dzieje przed i po, czy będzie równowaga, czy poczujesz złość lub coś w tym stylu."

Kilka tygodni później mój przyjaciel powiedział: "Wydaje się, że to faktycznie działa, tak jak powiedziałeś. Już wiele razy doświadczyłem tej równowagi." I postanowił prowadzić zapiski, tak jak ja w zeszycie, ale jako zeszyt wykorzystał moje media społecznościowe, czyli wpisy robił na naszym czacie. I pewnego dnia zauważyłem, że kiedy wysyłał mi raporty o tym, jak się czuje, byłem zaskoczony: okazało się, że czuję dokładnie odwrotnie. No to jeszcze bardziej absurdalne, jak to możliwe?

Na początku nie wierzyłem i postanowiliśmy kontynuować, dzieląc się ze sobą naszymi stanami emocjonalnymi. Wymyśliliśmy system ocen od -5 do 5 punktów i kiedy jedno z nas odczuwało jakąś emocję, od razu wpisywaliśmy jej ocenę na czacie, żeby sprawdzić, czy to prawda. I tak zaczęliśmy eksperyment i okazało się, że kiedy ja byłem szczęśliwy, on był smutny i na odwrót, a zgodność w punktach była zachowana. Czyli ta więź istniała na odległość, a stany emocjonalne były zawsze przeciwne i równe co do natężenia. Byliśmy po prostu w szoku: co to za matrix?!

Od razu zacząłem sobie wyobrażać, jak można by to zwizualizować. Na (rys. 15) próbowałem przedstawić na splecionym wzorze interferencyjnym, że każda akcja jest matematycznie rozłożona i porusza się w czasie. Jeśli wchodziłem w interakcję z przyjacielem, to byliśmy połączeni i zaczynaliśmy od tego samego punktu na tym obrazku. Dalej, z biegiem czasu, poruszaliśmy się po symetrycznych liniach, ale w przeciwnych kierunkach. A kiedy ja poruszałem się w prawo, czułem się pozytywnie, podczas gdy jednocześnie mój przyjaciel w matematycznym wszechświecie miał trajektorię w lewo i czuł się negatywnie.

Każdy zakręt był pewną interakcją z otoczeniem, która zmieniała trajektorię, ale ponieważ zaczynaliśmy w tym samym punkcie, nasze trajektorie były połączone. Tak więc, na przykład, kiedy ja skręcałem w prawo - odpoczywałem po pracy, w tym samym czasie dla mojego przyjaciela układały się okoliczności, w których on dopiero zaczynał pracę.

Kwantowy Wszechświat w Makroskali

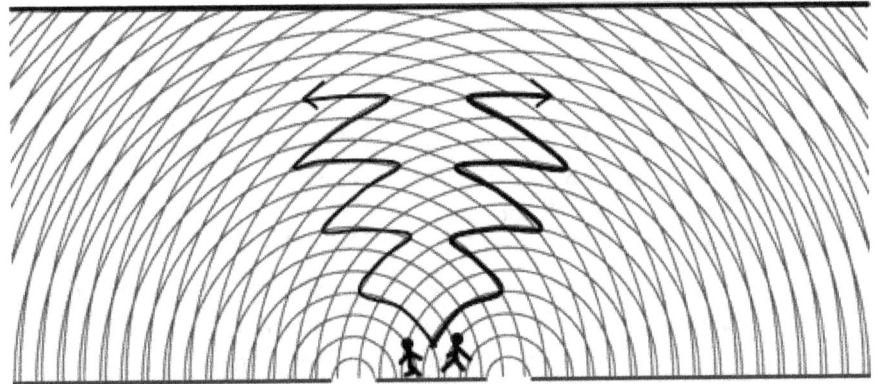

Rysunek 15. Zdjęcie przedstawia uproszczoną wizualizację idei związanej z koncepcją "wszechświata matematycznego", gdzie wydarzenia i interakcje są regulowane przez pewną strukturę matematyczną. W szczególności, nacisk położony jest tutaj na symetryczny rozkład i wzajemne powiązania różnych elementów w ramach systemu.

Próbowaliśmy jakoś wytłumaczyć, co się dzieje. Ponieważ wszystko pasowało do siebie tak idealnie, że było to po prostu przerażające. I dopiero teraz ten obraz pokazuje mi, jak wyjaśnić nielokalność. Przecież cała materia jest rozłożona tak równomiernie, więc jeśli zmierzymy spin jednej splątanej kwantowo cząstki, to w matematycznym wszechświecie mój pomiar był zmianą trajektorii w prawo, a druga splątana cząstka została rozłożona wzdłuż odpowiedniej przeciwnej trajektorii i w tym momencie również skręciła w lewo, zmieniając tym samym swój spin na przeciwny.

Innymi słowy, cały nasz wszechświat jest formułą rozkładu materii, która jest rozłożona równomiernie, a na (rys. 15) przedstawiłem możliwe uproszczone trajektorie tych formuł oraz cząstki, które oddziaływały i stały się splątane kwantowo poruszają się po przeciwnych trajektoriach. A obrót jednej trajektorii jest odpowiednio obrotem innej trajektorii, w której cząstki mogą jednocześnie i nielokalnie zmieniać swój spin.

W ten sposób można to wyjaśnić, pozostając w ramach znanych nam pojęć naukowych, bez angażowania egzotycznych idei, takich jak retrokauzalność.

Wracając do idei, że podczas niektórych dyskusji w mózgach wszystkich ludzi dochodzi do równowagi, musimy wrócić do jednej z poprzednich sekcji, w której opisano coś podobnego:

(Wzory matematyczne można prześledzić w wielu różnych dziedzinach. W 1906 roku badacz Francis Galton, kuzyn Karola Darwina, dokonał ważnej obserwacji na wiejskim jarmarku. Odwiedzających poproszono o odgadnięcie dokładnej wagi ubitego byka. W konkursie wzięło udział 787 osób. Wśród nich byli zarówno rolnicy, którzy się na tym znają, jak i osoby dalekie od hodowli bydła. Po targach Galton obliczył, że średnia wartość wszystkich odpowiedzi wyniosła 1197,5 funta (około 547,5 kg). Jak blisko myślisz, że ta liczba była rzeczywistej wagi byka? Błąd był mniejszy niż 1%. Absolutnie chaotyczne odpowiedzi różnych uczestników doprowadziły łącznie do bardzo dokładnego wyniku. Zjawisko to było wielokrotnie powielane w różnych dziedzinach i zostało nazwane „mądrością tłumu".

Efekt ten leży u podstaw takich zjawisk jak demokracja, gdzie decyzje podejmowane są na podstawie głosów dużej liczby osób, a także takich usług jak Wikipedia czy platforma internetowa „Kialo", stworzona w 2015 roku przez grupę naukowców. Na tej platformie ludzie mogą zgłaszać swoje przewidywania dotyczące określonych wydarzeń, a platforma pokazuje średni wynik głosowania. Wiele z poczynionych przewidywań sprawdziło się z dużą dokładnością.)

Aby wyjaśnić to zjawisko za pomocą mojego modelu, przedstawionego na (rys. 14), gdzie jedna idea jest rozłożona na różne rodzaje jej oceny, możemy założyć, co następuje:

- Idea jako obiekt kwantowy: Każda idea, myśl lub emocja może być reprezentowana jako rodzaj „obiektu kwantowego", który ma potencjał rozszczepienia się na różne stany lub interpretacje.
- Rozkład w czasoprzestrzeni: Kiedy powstaje idea, wydaje się ona „rozszerzać" w czasoprzestrzeni, nabierając różnych

znaczeń i odcieni. Można to sobie wyobrazić jako funkcję falową, która opisuje wszystkie możliwe stany idei.
- Suma części jest równa całości: Każdą z tych wartości lub interpretacji można uznać za osobną „cząstkę" tej idei. A jeśli zsumujemy wszystkie te cząstki razem, otrzymamy pełny obraz, całą ideę.
- Mądrość tłumu: Zjawisko to można wyjaśnić tym, że jedna idea, rozszerzając się w czasoprzestrzeni, jest rozłożona na wiele różnych „cząstek" – zarówno pozytywnych, jak i negatywnych. Kiedy przeprowadzamy wywiad z dużą liczbą osób na temat ich opinii na temat tej idei, wydaje się, że „zbieramy" wszystkie te cząstki razem, uzyskując pełniejszy i obiektywny obraz (jak na rysunku 16).

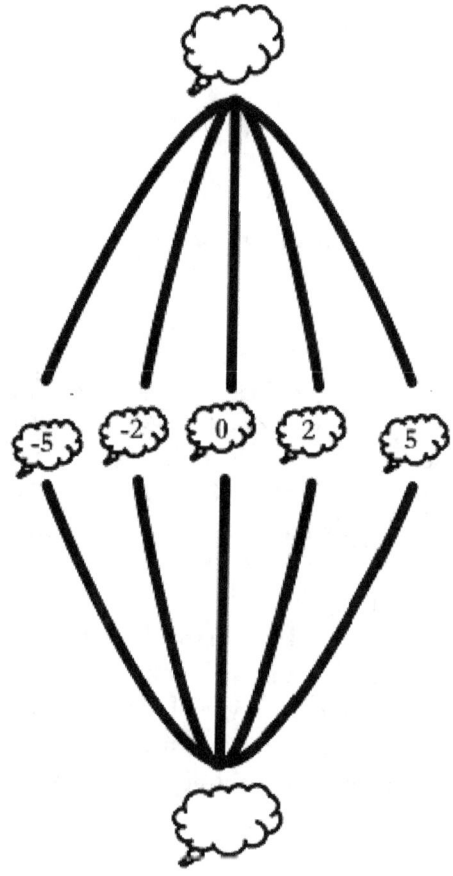

Rysunek 16. Obraz przedstawia wizualną reprezentację tego, jak idea może być postrzegana i interpretowana przez różne osoby, prowadząc do zjawiska znanego jako "mądrość tłumu".

Kluczowe elementy obrazu:

- **Górna chmura**: Reprezentuje oryginalny pomysł lub koncepcję.

- **Rozchodzące się linie:** Symbolizują ideę rozszerzającą się i rozgałęziającą na różne interpretacje i perspektywy w miarę jej udostępniania i omawiania.
- **Środkowy rząd chmur z liczbami:** Reprezentuje spektrum opinii, jakie ludzie tworzą na temat pomysłu, od silnie negatywnych (-5) do silnie pozytywnych (+5).
- **Zbiegające się linie na dole:** Sugerują, że zebranie i uśrednienie tych różnorodnych opinii może prowadzić do bardziej zrównoważonego i dokładnego zrozumienia pomysłu, reprezentowanego przez dolną chmurę.

Wyjaśnienie w odniesieniu do tekstu:

Obraz ilustruje ideę, że pojedyncza koncepcja może zostać podzielona na różne perspektywy, gdy zostanie wystawiona na działanie grupy ludzi. Każda osoba tworzy własną opinię, pod wpływem swoich unikalnych doświadczeń i uprzedzeń, co skutkuje szeregiem pozytywnych i negatywnych ocen. Jednak poprzez zebranie i przeanalizowanie tych różnorodnych opinii wyłania się pełniejszy i obiektywny obraz idei. Ta zbiorowa inteligencja lub "mądrość tłumu" często okazuje się dokładniejsza niż indywidualne osądy.

Wracając do pojęcia, że mózgi mogą być splątane kwantowo, podam ilustrujący przykład, który może potwierdzić tę ideę. Zapewne zaobserwowaliście sytuacje, w których ktoś potyka się i upada, wywołując natychmiastowy śmiech obserwatorów. Jak można to wyjaśnić z ewolucyjnego punktu widzenia? Być może sami tego doświadczyliście, wybuchając śmiechem, gdy ktoś inny czuje się zawstydzony lub nieswojo. Moja teoria głosi, że gdy jedna osoba doświadcza negatywności, jej mózg szuka równowagi, manifestując się jako rozbawienie lub śmiech u innej osoby.

Zastosowałem tę koncepcję do analizy własnych doświadczeń. Były chwile, kiedy byłem niewytłumaczalnie wesoły bez powodu, a kiedy spotykałem się z przyjaciółmi, mogłem wywnioskować, obliczając własne emocje, jak wszyscy się czują, nawet jeśli nie wyrażali tego na zewnątrz. Kiedy podchodziłem do kogoś i mówiłem „Co się stało? Dlaczego jesteś taki smutny?" lub przeciwnie „Dlaczego jesteś taki wesoły?", pytali mnie skąd wiem, a ja po prostu odpowiadałem, że zgadłem.

Miałem setki podobnych historii, więc pozwólcie, że rozwinę moje typowe podejście. Na przykład wyobraź sobie grupę sześciu osób swobodnie rozmawiających o codziennych sprawach, kiedy przypadkowo rozlewam na siebie szklankę wody. Czuję się nieswojo i zaczynam obserwować reakcje wszystkich. Niektórzy pozostają obojętni, niektórzy lekko się uśmiechają, a inni wybuchają śmiechem. Myślę sobie: „Dobra, czuję się dość niezręcznie i prawdopodobnie istnieje związek z tą konkretną osobą, która śmieje się najmocniej".

Później, podejrzewając potencjalne splątanie z tą osobą, analizuję swoje emocje. Co ciekawe, czuję się negatywnie, nie z powodu rozlanej wody (o której już zapomniałem), ale z powodu ogólnego poczucia smutku lub samotności, mimo że wcześniej tego nie czułem. To prowadzi mnie do wniosku, że mogę być splątany z tą osobą. Więc podchodzę do niego i mówię coś w stylu: „Więc znalazłeś sobie dziewczynę?". Odpowiada zaskoczony: „Tak, niedawno kogoś poznałem i teraz piszemy SMS-y. Skąd wiedziałeś?". Po prostu mówię: „Miałem po prostu przeczucie".

Przeprowadziłem niezliczone eksperymenty tego typu i jeśli dokładnie przeanalizujesz wyniki, działa to w 100% przypadków.

Zjawisko to wskazuje na głębszy związek między jednostkami, prawdopodobnie zakorzeniony w splątaniu kwantowym. Jeśli nasze mózgi są rzeczywiście splątane, wówczas stan emocjonalny jednej osoby może bezpośrednio wpływać na stan emocjonalny drugiej osoby, tworząc subtelną równowagę lub przeciwwagę. Chociaż ten pomysł może wydawać się naciągany, oferuje fascynującą perspektywę na temat ludzkiego połączenia i empatii.

Poziom multiwersum 5

W świecie, w którym równowaga wydaje się być niezmiennym prawem, gdzie każde działanie ma swoje przeciwdziałanie, a każda cząstka znajduje swoje miejsce w wielkiej kosmicznej układance, pojawia się kusząca myśl: czy nasza egzystencja jest tylko jedną z niezliczonych odmian rozsianych po bezgranicznych przestrzeniach multiwersum?

Zatrzymaj się na chwilę przed lustrem. Spójrz we własne oczy, spójrz na znajome rysy swojej twarzy. Dlaczego widzisz siebie, a nie kogoś innego? Czy to tylko gra światła, przypadkowe odbicie, a może aluzja do czegoś więcej?

Jeśli Wszechświat naprawdę dąży do równowagi, czy nie oznacza to, że gdzieś tam, w niezbadanych głębinach rzeczywistości, istnieje twoje przeciwieństwo – lustrzane odbicie, w którym wszystkie twoje cechy, przekonania i działania są odwrócone do góry nogami? A może istnieje niezliczona ilość równoległych światów, w których żyjesz innym życiem, podejmujesz inne decyzje i stajesz się zupełnie inną osobą?

Jeśli materia, z której składa się nasz świat, jest rozłożona w przestrzeni zgodnie z rozkładem normalnym lub czymś podobnym, czyż my sami, podobnie jak cząstki kwantowe, nie możemy rozszczepiać się co sekundę na wiele możliwych opcji, z których każda istnieje we własnej rzeczywistości?

Przyszła mi do głowy idea, którą już wcześniej opisywałem: że ta równowaga działa w taki sposób, że coś całości zostało rozszerzone i podzielone w czasie na różne części o różnych parametrach, a jeśli je zsumujesz, to z tego, z czego został zrobiony, powstanie coś całości.

To doprowadziło mnie do myśli, że jest to podobne do Wielkiego Wybuchu, kiedy z czegoś całości powstało coś wielkiego i uzyskało różne wartości. A gdyby dodać je wszystkie razem, pojawiłaby się cała osobliwość. A entropia z kolei rozszerzyła osobliwość. Czy więc entropia mogłaby być tym rozkładem?

Kiedy śledziłem swoje emocje w ciągu dnia, wykres nie był idealnie równy, jak dzwonek. Ale im dłużej to robiłem, tym bardziej przypominał taki dzwonek. Jeśli spojrzeć na wykres za miesiąc, widać, że czasami było znacznie więcej pozytywnych emocji. To tak, jakby sugerować, że wkrótce mogą nadejść dni z przewagą negatywnych emocji, aby wszystko zrównoważyć. Może się wydawać, że w ten sposób można przewidzieć przyszłość, ale nie zawsze się to sprawdza.

Wyobraź sobie, że rzucasz piłką w ścianę z wiązką gwoździ. Możesz z grubsza wyobrazić sobie, gdzie poleci, ale nie da się tego dokładnie przewidzieć. Tak samo jest z emocjami – widzimy ogólny trend, ale nie znamy wszystkich szczegółów, które wpływają na nasz nastrój.

Można to wytłumaczyć faktem, że na przykład rozkład materii następuje zgodnie z rozkładem normalnym, ale wzór tego rozkładu działa w czasie. Zatem rozkład normalny tego miesiąca jest częścią rozkładu normalnego tego roku, który z kolei jest częścią rozkładu normalnego tego wieku. Nie widzimy całego obrazu i dlatego nie możemy przewidzieć, co się wydarzy, a jedynie prawdopodobieństwo jego wystąpienia. Gdybyśmy znali wszystkie parametry, moglibyśmy przewidzieć przyszłość z dokładnością.

Kiedy byłem połączony z moim przyjacielem, odczuwaliśmy przeciwne emocje, jakby splątanie kwantowe działało w makrokosmosie. Czy możliwe, że nasz Wszechświat jest splątany z innym Wszechświatem na tej samej zasadzie, co na (rys. 17)? Nasz los jest determinowany przez określoną trajektorię naszego świata, ale świat z nami związany podąża równoległą trajektorią.

Myślałem o tym niejeden raz. Jeśli wszystko dzieje się w ten sposób, równowaga jest cały czas zachowana, to w moim świecie, kiedy na przykład wygrałem na loterii, mogłem założyć, że w równoległym świecie połączonym z moim, który podążał przeciwną trajektorią, aby zrównoważyć emocje, musiała wydarzyć się jakaś kłopotliwa sytuacja, która zrównoważyłaby moją wygraną na loterii.

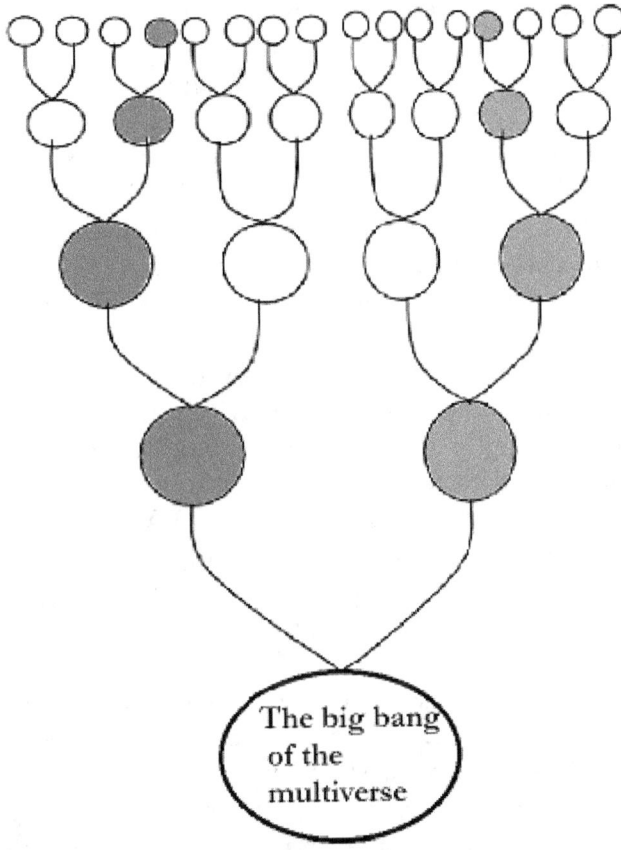

Rysunek 17. Obraz odzwierciedla koncepcję, że nasz wszechświat może być tylko jednym z wielu, a wydarzenia w nim zachodzące mogą być powiązane z wydarzeniami w innych wszechświatach poprzez zasadę równowagi. Ta hipoteza oferuje nową perspektywę na naturę rzeczywistości i może wyjaśniać pewne zjawiska, które trudno wytłumaczyć w ramach tradycyjnych koncepcji naukowych. Co więcej, sugeruje ona, że matematyczny wszechświat mógłby również rozdzielać materię na poziomie całych wszechświatów, czyniąc to symetrycznie.

„To interesujące, że moje dziecięce pomysły rezonują teraz z najnowszymi teoriami, takimi jak grawitacja entropiczna. Otworzyło to drzwi do nowych badań naukowych i nowego podejścia do badania Wszechświata. Z każdym rokiem rośnie liczba prac, które rozpatrują Wszechświat z perspektywy informacji kwantowej.

Jak wspomniałem wcześniej, w kwietniu 2024 roku opublikowano artykuł (Odniesienie 40), który rozwinął tę ideę: jeśli cały Wszechświat jest ogromną strukturą splątanych cząstek kwantowych zakodowanych na dwuwymiarowej sferze, to co stoi na przeszkodzie, aby cały Wszechświat był splątany z innym takim Wszechświatem?

Wniosek z artykułu: gdyby taki Wszechświat był splątany z naszym, wyjaśniałoby to ciemną energię, która przejawia się jako grawitacja ujemna, rozszerza przestrzeń i stanowi około 70% całej energii we Wszechświecie. Splątanie takich wszechświatów stworzyłoby między nimi grawitację entropiczną, grawitację całego Wszechświata, wyjaśniając kolosalne 70% całej energii. A my, znajdując się lub będąc zakodowani w jednym z nich, postrzegalibyśmy to jako grawitację ujemną, która rozszerza naszą przestrzeń.

Innymi słowy, teoria grawitacji entropicznej stwierdza, że cały nasz świat jest splątaną strukturą informacji kwantowej zakodowanej na powierzchni dwuwymiarowej sfery. Grawitacja w nim nie jest siłą podstawową, a jedynie konsekwencją entropii informacji na jego powierzchni oraz konsekwencją, która może wyjaśnić ciemną materię i być może ciemną energię."

Wniosek

Podsumowując, moje obserwacje dotyczące emocji sugerują, że nasz świat przypomina falę, poruszającą się tam i z powrotem po identycznych trajektoriach. Innymi słowy, jeśli wchodziłeś w interakcję z daną osobą w określony sposób, wydaje się, że podążasz przeciwną trajektorią, a te trajektorie są idealnie wyważone. Każdy osiąga równowagę, na przykład w pewnym okresie pomiaru emocji, a równowaga w momencie pomiaru jest na poziomie przyjaciela i samego siebie. Podobnie można wyjaśnić nielokalność na takich trajektoriach, ponieważ sama rzeczywistość zmusza kogoś do dokonania wyboru w lewo, a ktoś powiązany musi iść w prawo.

Idąc dalej, możemy wyjaśnić prawdopodobieństwa pomiaru cząstki w fizyce kwantowej. Prawdopodobieństwo powstaje, ponieważ nie widzimy całego obrazu. Oznacza to, że istnieje wzór na rozkład materii i rozkłada on materię w czasie, a my nie wiemy, gdzie dokładnie znajdujemy się teraz w czasie, aby w pełni uzyskać dokładne wyniki. To dotyczyło mikroświata.

A w makrokosmosie cząstki są splątane kwantowo i również zachowują się jak fale, ale na dużą skalę, której nie możemy zobaczyć w całości, ponieważ jesteśmy cząsteczkami pyłu wielkości makrokosmosu i nie możemy patrzeć na obraz jako całość. Ale taką falową naturę dostrzegłem obserwując emocje.

I na przykład ta teoria może nawet wyjaśnić paradoksy teorii względności. Na przykład po osiągnięciu prędkości światła czas się zatrzymuje. Może to być spowodowane tym, że ta formuła rozszerzania materii rozszerza ją w czasie z prędkością światła, a jeśli się do niej zbliżysz, trajektorie jeszcze nie zostaną narysowane.

Ale na przykład jak wyjaśnić, że masywne obiekty wytwarzają grawitację? Można to wyjaśnić tym, o czym wspomniałem w poprzednich rozdziałach, poprzez splątanie. Im więcej cząstek znajduje się w jednym miejscu, tym bardziej chcą się one splątać z otoczeniem.

Tak wygląda obraz, który zauważyłem. Doszedłem do tego w wieku 14 lat, aby opisać, jak może działać świat. A wtedy w ogóle nie interesowałem się nauką i nie miałem pojęcia, że to, co opisuję, może mieć jakieś podstawy w fizyce kwantowej.

Przecież nawet jeśli weźmiemy najpopularniejszą teorię wszystkiego, teorię strun, wszystko działa na tej samej zasadzie: struny wibrują, a te wibracje są symetryczne.

Co będzie dalej?

Jeśli nie podzielasz moich pomysłów, proszę, nie nienawidź mnie. Starałem się napisać tę książkę tak interesująco, jak to możliwe, wybrałem najciekawsze tematy, które mi się podobały i połączyłem je ze sobą. Starałem się, aby ta książka nie była jak wszystkie inne książki popularnonaukowe z tej dziedziny, które opisują to samo. Być może, jeśli moja teoria Ci się nie spodobała, to przynajmniej dałem Ci trochę materiału do przemyśleń. Być może nawet dokonałeś pewnych porównań ze swoim życiem. W końcu takie idee są dość popularne w filozofii.

W rzeczywistości mam o wiele więcej materiału i różnych obserwacji psychologicznych, ale to już inny temat. Ale teraz, aby potwierdzić moją teorię, wymyśliłem dziesiątki eksperymentów, które można by przeprowadzić, na przykład za pomocą rezonansu magnetycznego i elektroencefalogramu, oraz szereg innych eksperymentów potwierdzających to.

W mojej pierwszej książce „Poza rzeczywistością: matematyczny wszechświat, świadomość i iluzja czasoprzestrzeni" po prostu opisałem tę teorię. W tej książce rozwinąłem ją bardziej i starałem się do niej wykonać ilustracje. Następnie planuję przełożyć tę teorię na język formuł, aby stworzyć własną teorię wszystkiego.

W tej chwili mam 20 lat i zdobywam drugie wyższe wykształcenie z zakresu programowania. W wolnym czasie będę doskonalił swoją matematykę i starał się to wizualizować za pomocą formuł. Jeśli masz jakieś pytania lub chcesz współpracować, możesz do mnie napisać e-mailem lub zasubskrybować mój X.

Mam też książkę science fiction, która przeplata się z pomysłami z tej książki. Nazywa się „ZA KODEM" autorstwa Wołodymyra Biłowskiego. Jeśli podobała Ci się ta książka, spodoba Ci się również ZA KODEM.

Email – theorybilovskiy@gmail.com

X - @Volodymyr9348

Źródła

1. Jim Al-Khalili "The World According to Physics"
2. Philip Ball "Beyond Weird"
3. Johnjoe McFadden & Jim Al-Khalili "Life on the Edge"
4. Elizabeth Pennisi "The surprisingly long afterlife of dinosaur proteins" (Science)
5. Davide Castelvecchi "Is photosynthesis quantum-ish?" (Nature)
6. Philip Ball "Quantum biology: An update" (Physics World).
7. "A Brief History of Time" by Stephen Hawking
8. "The Elegant Universe" by Brian Greene
9. "Reality Is Not What It Seems" by Carlo Rovelli
10. "Parallel Worlds" by Michio Kaku
11. "Your Brain is a Time Machine: The Neuroscience and Physics of Time" by Dean Buonomano
12. "The Emperor's New Mind: Concerning Computers, Minds and The Laws of Physics" by Roger Penrose
13. "Nonlocality: The Revolutionary Theory of Everything" by George Musser
14. "Case Against Reality: Why Evolution Hid the Truth from Our Eyes" by Donald Hoffman
15. "Critique of Pure Reason" by Immanuel Kant
16. Our Mathematical Universe - Max Tegmark
17. The Man Who Mistook His Wife for a Hat - Oliver Sacks
18. The Inflationary Universe - Alan Guth
19. Dreams of a Final Theory - Steven Weinberg
20. The Assayer - Galileo Galilei
21. The Man Who Knew Infinity - Robert Kanigel (biography of Srinivasa Ramanujan)
22. A Beautiful Question - Frank Wilczek

23. "Relative State" Formulation of Quantum Mechanics - Hugh Everett III
24. Parallel Universes - Max Tegmark
25. "Shadows of the Mind: A Search for the Missing Science of Consciousness" by Roger Penrose
26. "Consciousness in the Universe: A Review of the 'Orch OR' Theory" by Stuart Hameroff and Roger Ultraviolet Superradiance from Mega-Networks of Tryptophan in Biological Architectures:
https://pubs.acs.org/doi/10.1021/acs.jpcb.3c07936
27. The Computational Theory of Mind:
https://plato.stanford.edu/entries/computational-mind/#ComNeu
28. The importance of quantum decoherence in brain processes - Max Tegmark: https://arxiv.org/abs/quant-ph/9907009
29. Nuclear Spin Attenuates the Anesthetic Potency of Xenon Isotopes in Mice: Implications for the Mechanisms of Anesthesia and Consciousness:
https://pubs.acs.org/doi/epdf/10.1021/acscentsci.2c01114
30. Reviews of quantum biology:
https://www.mdpi.com/2624-960X/3/1/6
https://link.springer.com/chapter/10.1007/978-3-030-99291-0_5
31. Article Einstein, Podolsky, Rosen (EPR PARADOX):
https://cds.cern.ch/record/405662/files/PhysRev.47.777.pdf
32. Bell's article:
https://journals.aps.org/ppf/pdf/10.1103/PhysicsPhysiqueFizika.1.195
33. Zeilinger's article:
https://arxiv.org/pdf/1301.1069
34. Zeilinger's article (informational interpretation):
https://link.springer.com/article/10.1023/A:1018820410908
35. Article Susskind (Holographic principle)
https://arxiv.org/pdf/hep-th/9409089
36. Satya Verlinde (Entropy Gravity)

37. https://arxiv.org/pdf/1001.0785
38. Satya Verlinde (Entropy gravity and dark matter) https://arxiv.org/abs/1611.02269
39. Bekenstein's article (Entropy of black holes) https://link.springer.com/article/10.1007/BF02757029
40. Article "Information connection of two universes" https://link.springer.com/article/10.1134/S0202289324010080
41. Calhoun, J. B. (1962). Population density and social pathology. *Scientific American*, 206(2), 139-148.
42. Calhoun, J. B. (1973). Death squared: The explosive growth and demise of a mouse population. *Proceedings of the Royal Society of Medicine*, 66(1 Pt 2), 80-88.
43. Malthus, T. R. (1798). *An Essay on the Principle of Population.*
44. Henneberg, M. (1998). Decrease of human brain size in the Holocene. *Human Biology*, 70(5), 895-911.к

www.ingramcontent.com/pod-product-compliance
Lightning Source LLC
Chambersburg PA
CBHW052155220526
45471CB00004B/1684